生命のメカニズム

THE MACHINERY OF LIFE

美しいイメージで学ぶ構造生命科学入門

David S. Goodsell 著

中村 春木 監訳

工藤 高裕・西川 建・中村 春木 訳

Translation from English language edition:
The Machinery of Life
by David S. Goodsell
Copyright© 2009 Springer New York
Springer New York is a part of Springer Science+Business Media
All Rights Reserved

Japanese translation rights arranged with
Springer-Verlag GmbH
through Japan UNI Agency, Inc., Tokyo

細菌の細胞壁[訳注1]**に穴をあける免疫機構** 私たちの血液には，侵入した細胞やウイルスを認識して，破壊するタンパク質が含まれる。このイラストは血清中のタンパク質（上部に黄とオレンジで示す分子）によって攻撃されている細菌細胞（下部に緑，青，紫で示す部分）の横断面を示す。まずY字型の抗体が細胞表面に結合し，これがイラストの上部中央にある6本腕のタンパク質によって認識される。この後一連の過程を経て，最後には細胞膜攻撃複合体が完成する。ここに示したのは細菌の細胞壁に穴を空けている様子である。（1,000,000倍）

訳注1）「細胞壁」という用語は，細胞膜外にあるセルロースやペプチドグリカンなどからなる硬い層のみを指すことが多いが，本書では「細胞内外を隔てる仕切り」という解釈で，柔らかい脂質膜や硬いポリマー層も含んだ総称として使用する。

序文

　生きた生物の中にある分子を直接見る方法が何かあると想像してみよう．X線顕微鏡があるなら，うまく見えることだろう．あるいは，私たちが夢見てきた，アイザック・アシモフのSF小説に出てくるような，ナノメートル（nm＝10億分の1 m）サイズの潜水艦でもおそらくよいだろう．ただ残念ながら，今はまだどれも実現していない．ここで，実現すれば直接目の当たりにする不思議なものが，どんなものかを考えてみてほしい．ウイルスを攻撃する抗体，神経線維を走り抜ける電気信号，新しいDNA鎖をつくるタンパク質など，さまざまなものが見えるだろう．そして，今，科学者を悩ませている問題の多くには，一目で答えが得られるだろう．しかし，100万倍という気が遠くなるようなサイズの違いによって，個々の分子を認識できるナノスケールの世界は，私たちが日常経験している世界とは切り離されていて，まったく見ることができない．

　この本のイラストは，この隔たった両者の間に橋を渡し，想像図を使った間接的な方法も用いて細胞の分子構造を見られるようにすることを意図して作成したものである．イラストには2種類あり，生きた細胞の微細な部分を100万倍まで拡大して細胞内にある分子の配置状態を示した水彩画と，コンピュータで作成した個々の分子を原子レベルで示した画像が用いられている．本書の第2版では，これらのイラストはフルカラーとなり，初版が出版されてから15年の間に明らかとなった新たな科学的知見の多くが盛り込まれている．

　初版と同様に，イラスト同士の関係をわかりやすくするため，いくつかのテーマを設定した．1つは倍率である．水分子，タンパク質，リボソーム，細菌，ヒトが，それぞれ大きさにどの程度の違いがあるのかを適切な概念をもって理解している人は少ない．これをわかりやすくするため，イラストの倍率は統一するよう心がけた．口絵や本書の後半にある生きた細胞の内部を描いたイラス

トは，倍率をすべて100万倍でそろえてある．そのため，各章のページをめくれば，生きた細胞のDNA，脂質膜，核膜孔，その他分子機械の大きさを比較できる．コンピュータで作成した各分子の画像についても簡単に比較できるよう，いくつかの一貫した倍率を用いている．

　また，イラストは一貫したスタイルで描き，簡単に比較できるようにしている．分子のイラストはすべて，各原子を球で示した空間充填の表現を用いている．細胞のイラスト中にある分子は，空間充填像を単純化して描いている．こうすることで，すべての原子の位置を示すことなく分子の全体の形状を表現している．もちろん，これら分子のほとんどは無色であり，イラストで使っている色は分子の機能的特徴と細胞環境が一目でわかるよう，私が選んでつけた色である．

　細胞内のイラストについては，分子の数，位置，大きさ，形が適切なものとなるよう，最大限の注意を払った．初版刊行から15年の間に，これらのイラストの正しさを裏付ける膨大な種類の新しいデータが利用できるようになった．しかし，分子の分布と濃度に関して公表されたデータは，まだまだ完全とは言えない．そのため細胞のイラストについては，個人的な解釈に基づく部分が，ある程度含まれている（特に第5章や第6章にあるヒトの細胞のイラスト）．

　初版と同じく，本文は一般の読者を考慮した記述を心がける一方，イラストについては科学者が見ても満足できるよう，ある程度科学的に厳密な描画を意識した．一般の読者にとって，本書は生命の中で起きるさまざまな過程をつくりあげている分子をイラスト入りで見渡すことのできる分子生物学の入門書となる．この新版では，分子生物学の研究から得られた多くの新しい業績を書き加えるとともに，生命，老化，死に関する章を新しく追加した．

　しかし，本書の内容は生物学を総合的に網羅したものではない点に注意してほしい——私は最も際立ち，最も魅力的だと思う分子生物学の側面をとらえた題材だけを選んだ．より詳しく総合的な情報を得るには，本書の最後に挙げた優れた教科書を参照するとよいだろう．特に，*Molecular Biology of the Cell*（邦題：細胞の分子生物学）は，細胞や分子生物学に関するほぼすべてのテーマにおいて，これからの研究の方向性を示してくれるだろう．本書を読む科学者にとって，直感的な知識が正しかったのかを確かめる試金石として本書が使用され続けることを願っている．これらのイラストは，生きた細胞に詰め込まれた生体分子を正しい流れで理解する手助けとして利用してほしい．

　このプロジェクトの構想から完成までに協力してくれた人たちに感謝する．アーサー・オルソンは制作過程を通じて有用な助言を与えてくれただけでなく，アメリカのラ・ホーヤにあるスクリプス研究所の分子グラフィックスラボとい

うすばらしい研究環境を提供してくれた。この本に掲載されている素材などの多くは，RCSB Protein Data Bank（PDB）にて私が担当する連載記事「今月の分子」（Molecule of the Month）から引用したもので，RCSB-PDBは過去8年にわたり，この記事のイラストと文章の作成を快く助けてくれた。このプロジェクトで多大な援助をしていただいたフォルモンタン-ギルベール科学財団にも感謝する。コンピュータで作成したイラストは，デイモン・ラニヨン・ウォルター・ウィンチェルがん研究基金，アメリカ国立衛生研究所，アメリカ国立科学財団の援助を受けて開発された方法を使って描いた。最後に，ビル・グリムの支援と信頼に感謝する。

　　ラ・ホーヤ，カリフォルニア州

D.S. グッドセル

監訳者序文

　地球上の生命機能は，ゲノム情報が物理的に発現したタンパク質によって担われており，多数のタンパク質間の相互作用によって複雑な生命活動が営まれている。生命科学の進展に伴い，細胞中で働く個々のタンパク質の構造と機能についての知見は急増し，運動や脳機能などの高次の生命機能を発現するタンパク質集合体についても，高い分解能を持つ電子顕微鏡の開発などの最近の技術革新により，細胞中での構造と機能の解明が進んでいる。これらの最新の知見により，生命をシステムとして考え，生命情報の流れをタンパク質間の相互作用や細胞間の相互作用として理解しようとしている。これらの学問は，新たに「構造生命科学」と呼ばれ始めているが，本書は，まさにその入門書とも言え，個々の部品であるタンパク質などの生体分子とその集合体によって細胞や細胞内器官が形作られ，それらが機能している様子が目の前に鮮明にかつ美しく示されている。

　「構造生命科学」の最も期待されている応用としては，新たな標的分子に対する医薬品や農薬を開発することである。本書の第9章では，日常的に食品やサプリメントとして口にするビタミンや医師から処方される医薬品が，分子としてどのようにわれわれの体で働いているかが詳細に説明されている。また，感染症として最も厄介なウィルスとそれに対するワクチンについても，第8章で最新の知見が紹介されている。従来の医薬品開発では，経験的に薬効が発見されている既知の医薬品情報に基づき，より強く効いたり特異性があったりするものが選択されてきた。しかし，既知の有効な医薬品が全く知られていない最近同定された癌や神経疾患などの疾病に対しては，この「構造生命科学」の応用が有効である。実際，発見された標的タンパク質のかたちと機能の情報に基づき，新規な化合物を設計したりスクリーニングしたりすることで医薬品を開発する手法が有望視されており，成功例も続々と報告されている。

　最近のゲノム解析技術の急速な発展により，個々人のゲノムが容易に解析される時代が目の前に来ている。このゲノム情報と細胞内における遺伝子発現制御機構に従い，私たちの体内のタンパク質やその他の生体分子は個人ごとに極めてわずかではあるものの少しずつ違っている。その違いが個体の多様性を生み，さらには生命を進化させる駆動力ともなってきた。また，人間のような高等生物では，異なる分化した細胞がそれぞれ特殊な生命機能を果たしている（第6章）。「生と死」についても，生体分子のシステムが自らそれらを制御する機構を持っており，その破綻が癌などの疾病をもたらす（第7章）。

本書では，これらの最新の科学的知見や応用例について，難しい理屈や専門用語を用いずに，イラストを多用して直感的に理解できるようにさまざまな工夫がなされている．例えば，イラストでは「かたち」だけでなく，分子や細胞内器官などのサイズについても統一的に理解できるように，いくつかの一貫した倍率が用いられている．これにより，本質的に階層性を持つ生命体のサイズについて，実感を持って理解することができよう．また，本来の生体分子や器官は，多くの場合特別な色をしているわけではないが，本書ではカラーを多用し，異なる分子や分子複合体，器官が異なる色で塗り分けられており，読者の理解を助けている．

　ところで，本書の監訳者である中村は大阪大学蛋白質研究所において PDBj (PDB〈Protein Data Bank〉Japan) を主宰し，米国の RCSB (Research Collaboratory for Structural Bioinformatics) -PDB および欧州の PDBe (PDB in EU) と共同して国際蛋白質データバンク (wwPDB：world-wide PDB) を設立し，生体高分子構造のデータベース化とインターネットを通じた情報発信などの運営を行っている．この PDBj は，生命科学や医学・薬学の専門家向けの科学データを提供するものではあるが，中学・高校生や一般の方々に対しても分子の「かたち」を見て理解できるよう，日本語によるサイトも提供している．

　本書の著者である D. S. グッドセル博士は，wwPDB の一員である RCSB-PDB の活動として，2000 年 1 月から毎月「今月の分子」の記事を連載している．タンパク質や DNA などの分子のレベルの「かたちと機能」について，本書と同様にきれいなイラストやコンピュータ・グラフィックスの画像を用いて RCSB-PDB のウェブページ上で解説をされている．本書の翻訳者らは PDBj に所属しているが，以前からこの「今月の分子」の日本語への翻訳を行い，全ての内容を PDBj のウェブ上 (http://pdbj.org/mom/) に公開している．今では，「今月の分子」の新しい原稿が，公開の 1 カ月ほど前にグッドセル博士から PDBj へ送られてくると，日本語への翻訳を行ってウェブページを用意し，RCSB-PDB での記事の公開と同時に PDBj においても日本語記事を公開している．本書と併せて，このサイトをご覧になることにより，さらに最新の知見が得られよう．

　最後に，PDBj の活動を支援していただいている独立行政法人科学技術振興機構と大阪大学蛋白質研究所に感謝する．また，翻訳原稿の確認をしていただいた，鈴木博文博士に感謝する．

2015 年 1 月

中 村 春 木

目　次

序文 ·· v
監訳者序文 ·· viii

第 1 章　はじめに ·· 1
　大きさの問題 ·· 3
　分子の世界 ·· 4

第 2 章　分子機械 ·· 9
　核酸 ··· 13
　タンパク質 ·· 17
　脂質 ··· 19
　多糖類 ··· 23
　細胞内にある分子の奇妙な世界 ··· 25

第 3 章　生命の営み ··· 29
　生体分子の構築 ··· 30
　エネルギーの活用 ··· 40
　保護と感知 ·· 45

第 4 章　細胞の中の分子：大腸菌 ·· 53
　防護壁 ··· 54
　新しいタンパク質の構築 ·· 59
　細胞の動力 ·· 63
　細胞のプロペラ ··· 65
　分子戦争 ·· 67

第 5 章　ヒトの細胞：区画化の利点 ··· 71

第 6 章　人体：専門化することの利点 ······································ 83
　構造基盤と情報交信 ··· 84

筋肉 ·· 87
　　血液 ·· 94
　　神経 ··· 101

第7章　生と死 ··· 109
　　ユビキチンとプロテアソーム ··································· 110
　　DNAの修復 ··· 112
　　テロメア ··· 116
　　プログラム細胞死 ·· 116
　　癌 ·· 118
　　老化 ·· 120
　　死 ··· 124

第8章　ウイルス ··· 127
　　ポリオウイルスとライノウイルス ······························· 129
　　インフルエンザウイルス ··· 133
　　ヒト免疫不全ウイルス ·· 134
　　ワクチン ··· 137

第9章　私たちと私たちの分子 ··································· 141
　　ビタミン ··· 142
　　さまざまな毒 ·· 146
　　細菌毒素 ··· 148
　　抗生物質 ··· 150
　　神経系に作用する薬剤と毒 ···································· 154
　　私たちと私たちの分子 ··· 156

原子座標 ··· 157
補足資料 ··· 159
索引 ·· 160

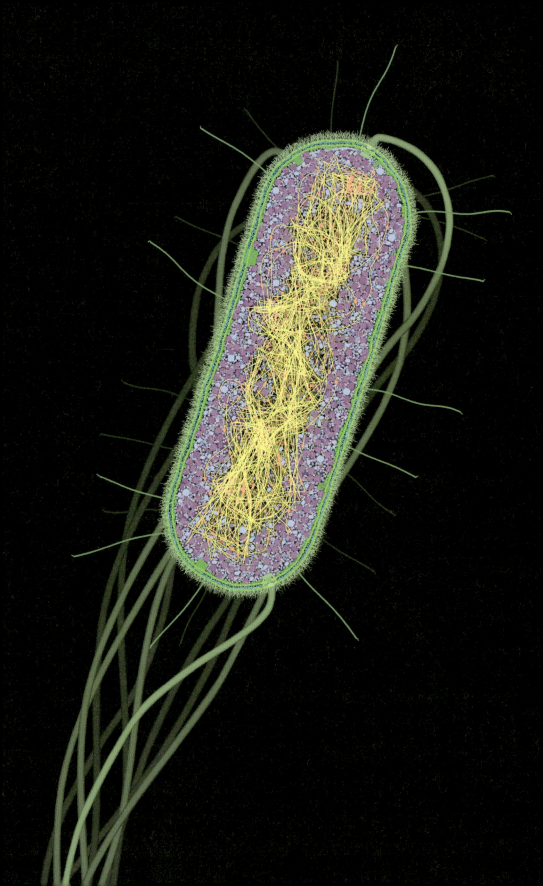

第1章
はじめに

　この世界はさまざまな生命で満ちあふれている。樹々が茂った公園をゆっくり散歩しているところを想像してみよう。楢や樫，楓の木は，真昼の太陽の下に揺れる影を落とす。鳥や蝶は空を飛び，リスは木の幹の上を騒々しくかけまわる。何十種類もの木や植物があなたを取り囲み，さらに多くの種類の鳥たちがあふれている。昆虫は地を這い，木の葉に登り，空を飛ぶ。これがよくある森の姿である。また街中でさえ，さまざまな植物からなる大集団を見つけることがある。その中には，ていねいに手入れされているものもあれば，こっそり庭師を避けて生えているものもあるが，どちらも種々の鳥や昆虫であふれ，これらすべてが家とコンクリートの狭間でどうにか暮らしている。

　公園の散策や森へのハイキングなど，次にどこか動植物のいるところに行くときには，生物学者の目線でちょっとあたりを調べてみよう。うまくいけば，日常慣れ親しんだ世界の背後に隠されたさまざまな驚くべき事実を科学的な視点によって見つけられるかもしれない。この森という場所には，実にすばらしい話のネタがある。科学者たちは身のまわりにいる植物，鳥，動物を調べ，私たちは地球上の他の生物すべてと直接関係していることを見いだしてきた。ほんの少し注意深く観察するだけで，あなた自身もこのような関係を見つけるこ

図 1.1　生命のメカニズム　地球上のすべての生命は細胞でできている。そしてその細胞は分子でできている。ここに示すのは1つの細菌細胞の横断面である。細胞は緑で示した多層の細胞壁で囲まれている。長いらせん状のべん毛は細胞壁にあるモーターによって回転し，その推進力で細胞は周囲を移動する。細胞内には分子機械があふれていて，分子を組み立てたり修復したりするもの，さまざまなエネルギー源を利用するもの，周囲の危険を察知して細胞を守るものなどがある。（70,000倍）

とができるだろう。

　私たちが両親や兄弟姉妹と緊密に関係していることは，少し見ただけでわかる。さらに，森の小道や混雑した大通りであなたとすれ違った他人でさえ密接に関連している。私たちはみんな少しずつ違っているが，割合の微妙な差や濃淡のかすかな違いがあるだけである。私たちは同じ感覚をもち，同じ組み合わせの筋肉と骨を使って歩き，話す。みんな同じように生まれ，同じぐらいの時間をかけ体を消耗して，死に至る。すべての人間が関連していることを証明するために，家系図をたどる必要はない。それは見ればわかるからだ。

　しかし，ヒトと近縁な生物との関係に気づくには，もう少し観察が必要である。動物園に行けば，見慣れた動物との密接な関係が明らかになるだろう。鳥類，哺乳類，爬虫類，両生類，魚類は，すべて遠くかけ離れたいとこである。これらがみな類縁の関係にあることを示すには，簡単な生体構造の観察が必要になる。私たちはすべて似かよった消化器系や神経系，そして頭部，胴体，四肢を形づくる骨・筋肉構造をもつ。私たちとゾウ，トカゲの間で異なるのは，長い脚，毛深い体毛，鋭い歯の3か所ぐらいである。

　観察範囲を類縁関係のより遠い生物まで広げると，本当におもしろいことがわかってくる。対象となる生物には，植物，海綿，昆虫，扁形動物のほか，風変わりな遠い関係の生物すべてが含まれる。これら生物との関係を見るには，さまざまな生物学的ツールが必要となる。解剖学的な研究はあまり役には立たない。あなたと木は大きく異なっているので，例えば，あなたの胃も木の根も，両方とも食物を集めるのに用いられる，といったような意味のある対応づけをするのは難しい。しかし，顕微鏡をのぞけば，生きた生物はすべて細胞からできていて，木の細胞は私たちの手の細胞と驚くほどよく似て見えることがわかる。

　おそらく，生物学における最も注目すべき点は，細菌でさえも私たちと同じ家系に属していることである。私たちの体は何兆個もの細胞でできているのに対し，細菌を構成する細胞はたった1つである（図1.1）。しかし，その単細胞が使うしくみはその多くが私たちの細胞が用いているものと同じである。生命を維持する過程を調整する分子を念入りに観察してみると，似ているのは明らかである（図1.2）。地球上に生息する生物はすべて，同じような一連の分子を使って，食べたり，呼吸したり，移動したり，子孫を残したりする。このため，木，カエル，ボツリヌス菌はすべて水と食物を必要とし，暑すぎたり寒すぎたりすれば，すべて死滅してしまう。そして，条件がぴったり合えば増殖して，新しい木，カエル，ボツリヌス菌を生み出すことができる。

　本書では，分子機械が生まれながらに共通してもつ特性について見ていくこ

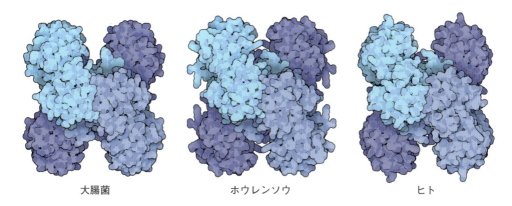

図1.2 分子機械 多くの分子機械は，生きているあらゆる細胞で共通していると考えてよいだろう。これは生命を維持する過程で重要な役割を担う分子において特にあてはまる。例えば，グリセルアルデヒド-3-リン酸脱水素酵素は，ここに示した3つの生物すべてにおいて糖代謝に不可欠である。左は細菌，中央は植物細胞，右はヒト細胞の酵素で，どれも似た形をしている。（5,000,000倍）

とにする。まずは，分子機械そのものと，それらがはたらく通常とは異なった分子の世界を観察することから始めよう。次に，それらがどのように生きた細胞に組み込まれているかについて探索しよう。最後に，私たち自身がもつ分子や細胞に関連するいくつかの重要な話題を見ることにする。

大きさの問題

　本書で述べるほとんどすべてのものは，小さすぎて見ることができない。細胞は小さいが，想像できないほどではない。一方，分子はとてもとても小さい。細胞の長さは，私たちの日常の世界にある物体の約1,000分の1である。原生動物のような最も大きな細胞は虫眼鏡で見ることができるが，私たちの体の細胞のほとんどは，見るのに顕微鏡が必要である。通常，ヒトの細胞の長さは約$10\mu m$（訳者注：1 cmの1000分の1）である。これは，手の指の第一関節の長さの約1,000分の1である。1,000倍の違いであれば，思い描くことはそう難しくない。例えば，お米1粒の長さは，あなたが座っている部屋の長さの約1,000分の1である。米粒で満たされた部屋を想像してみよう。そうすれば，私たちの指先を構成する10億ほどの細胞に見当がつくだろう。

　さらに1,000分の1に縮小すると，私たちは分子の世界へと入る。分子はとても小さく，光の波長よりも小さいため，光学顕微鏡ではそれらを直接「見

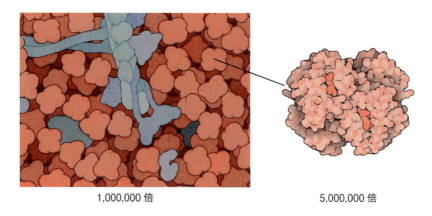

図1.3 分子のイラスト 本書に掲載しているイラストのほとんどは，次の2種類のどちらかになっている。右にはヘモグロビン分子を示したが，これはコンピュータプログラムで作成したもので，各原子は球で表現されている。球は原子核を中心としそれを囲む電子雲のおおよそのサイズを示している。このタイプのイラストでは，個々の原子を簡単に識別できる。このイラストの場合，倍率は5,000,000倍である。一方，左に示したのは赤血球の一部だが，このような細胞内の分子を示した手描きのイラストでは，分子の形は単純化され，各原子は小さすぎるため描かれていない（この倍率では，原子は塩粒1つくらいの大きさだろう）。手描きイラストの倍率は1,000,000倍に統一されている。

る」ことができない。その代わりに，X線結晶構造解析，核磁気共鳴分光法，電子顕微鏡や原子間力顕微鏡のような方法を用いて分子を構成する原子の配列を知り，その情報から分子の図を人工的に作成する（**図1.3**）。細胞に含まれる平均的なタンパク質は約5,000個の原子からできていて，その長さは一般的な細胞の約1,000分の1，手の指先の幅の約1,000,000分の1である。ここでもう一度，これらの大きさの違いを理解するため，米粒で満たされた部屋を考えてみよう。そうすれば，各細胞に詰め込まれたタンパク質の大きさの見当がつくだろう。

分子の世界

　私たちの細胞内にある分子は，異質であまりなじみのない世界ではたらいているため，分子の世界を理解する際に注意しなければならない。分子が行う過程を理解しようとするとき，私たちの直感に頼った考えは誤っていることがある。日常の世界で物体を支配している重力，摩擦，温度といった物理量は，分子スケールでは違ったものとなり，驚くほど異なった影響を示すことも珍しく

ない。

　私たちになじみのあるサイズでも，分子サイズでも変わらない基本量の1つに，物質の硬さがある。量子力学ではつきものである奇妙な現象について，分子の大きさではそれほど心配する必要はない。まず，おおまかには，分子は一定の大きさと形をもち，もしそれらの形が合えば，互いにぶつかった後に，1つの複合体になると考えて問題ない。細かく注意して見ると，分子の端はぼやけているかもしれないが，たいていの場合はテーブルや椅子のように物理的な物体として考えることができる。

　しかし，その他の性質については，分子の世界に足を踏み入れると大きく違ってくる。例えば，分子は非常に小さいため重力を完全に無視できる。生体分子の運動と相互作用は，まわりを取り囲む水分子によって完全に支配されている。室温においては，中型のタンパク質は約5 m/秒の速度で移動する（速いランナーが走る程度）。何もない空間にこのタンパク質を置けば，自身の長さと同じ距離を約1ナノ秒（10億分の1秒）で進むだろう。しかし細胞内では，このタンパク質のあらゆる表面に水分子がぶつかっている。常に猛スピードで前後に揺すられるので，タンパク質がどこかへたどり着くまでには長い時間がかかる（図1.4）。水に囲まれると，水がないときに比べ，同じ自身の長さを移動するのに，ほぼ1,000倍の時間がかかる。

　私たちの世界で似たような状況を想像してみよう。あなたは空港のターミナ

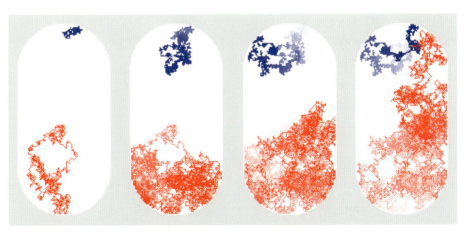

図1.4　分子の拡散　細胞内で分子は常に拡散し，あちこちでランダムにぶつかっている。この図はコンピュータシミュレーションを使い，タンパク質と糖分子が細菌内で拡散していく様子を示したものである。タンパク質の移動経路を青，糖分子の移動経路を赤で示す。それぞれ両端から出発し，互いが出会うまでに，細胞内の広い範囲を動いている。

ルビルに入って，これからフロアの向こう側にあるチケット窓口まで行こうとしている．そこまでの距離は数メートル．あなたの身長とそう大差のない距離である．もしフロアに何もなければ，ほんの数秒で駆け抜けられる．では今度は，フロアが窓口に向かう人々であふれ，混雑している状況を想像してみよう．押し合いながら進むため，フロアを横切るのに15分もかかってしまう！ 途中，フロアの至るところで押し返されて，何回かは出発点に戻ってしまうかもしれない．これは，細胞の中で分子がとるねじ曲がった経路と似ている（分子の場合は，何か目的をもって動いているわけではないが）．

　この混沌とした世界において，どうやって物事が成し遂げられていくのだろうと思うかもしれない．運動がランダムであるということは事実であるが，この動きは見慣れた世界での動きに比べて格段に速いということも事実である．ランダムな拡散運動の速さは，細胞内で仕事を行うには十分な速さである．それぞれの分子は，目的の場所にたどり着くまでまわりのものにぶつかり続けるだけである．

　この動きがどのくらい速いのかを理解するのに，図1.1のような一般的な細菌を想定し，一方の端に酵素を，反対側の端に糖分子を置いてみよう．酵素と糖分子は周辺にぶつかりながら細胞全体をさまよい，途中で多くの分子と出会う．しかし，この2つの分子が最初にぶつかるまでにかかる平均時間は約1秒である．これは，一般的な細胞内において，移動経路が混沌としているにもかかわらず，ほんの数秒でほぼすべての分子と出会えることを意味している．これは本当に驚くべきことである．したがって，本書のイラストを見るとき，この静止図は豊かな分子世界を垣間見る1枚のスナップショットにすぎないことを思い出してほしい．

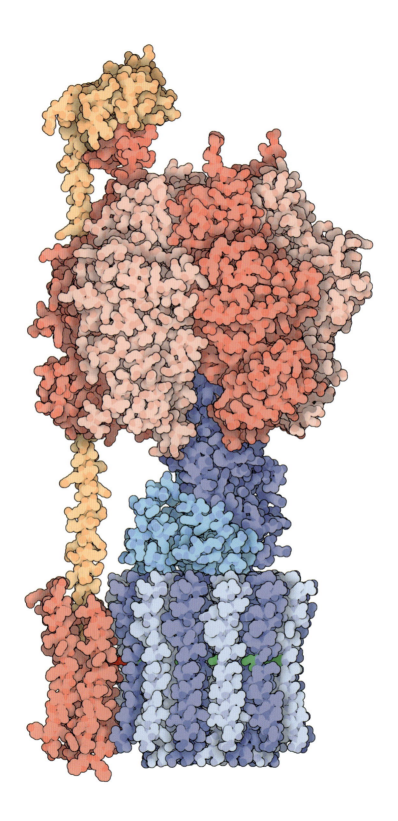

第 2 章
分子機械

　人体はナノテクノロジーの力で駆動する生きたシステムの例である。ほとんどすべてのことが原子レベルで起こっている。このシステムの中で各分子は捕獲され，仕分けられる。これらの分子を構成する原子はあちこちで他の原子と混ぜられ，まったく新しい分子がつくり出される。太陽から来る光の光子は捕らえられ，電気的な回路のなかの個々の電子を動かすために用いられる。分子は小さくまとめられ，数 nm の距離を巧妙に輸送される。例えば，**図 2.1** に示すような微小な分子機械が，これらナノスケールの生命のプロセスを協調的にコントロールしている。これらは私たちが住む世界の近代的な機械のように，特定の作業を効率的かつ正確に行うようにつくられている。しかし，これらの機械が行うのは分子サイズでの作業であり，細胞内の分子機械は原子レベルで機能するようにつくりあげられている。
　本書で見ていくように，分子機械は，はさみや自動車といった一般的な道具や機械と多くの点で似ている。有機的でなじみのない姿をした分子機械は，とても理解できそうもないと感じるかもしれないが，多くの点では，一般的な機械と同じようにして分子機械を理解することができる。つまり，与えられた仕事を行うために，パーツが組み合わさり，動き，相互作用するというしくみである。しかし，分子機械と人工の機械はいくつかの点で異なっており，分子レベルの驚異を味わうためにも，両者の基本的な違いを理解しておく必要がある。

図 2.1　ATP 合成酵素　ATP 合成酵素は，化学的エネルギーを産生するのに使われる分子機械である。この酵素は 40,000 個以上の原子からなり，それぞれの原子は特定の場所で特異的な機能を発揮している。（8,000,000 倍）

主な問題の1つは，分子機械は原子からできていなければならないという点である。これはあたり前だと思われるかもしれないが，実はこの点から根の深い問題が生じる。原子には，いくつかの種類の形と大きさしかない。また細胞は，炭素，酸素，窒素，リン，硫黄，水素の6つの原子によって，ほとんどすべての仕事を行う。特別な作業が必要なときにだけ，それ以外の希少な原子が加わる。これらの原子は互いに，基礎的な量子化学によって定義される非常に限られた方法でのみ結合する。分子機械はこうした厳しい制限の下でつくられる。これは積み木やレゴ・ブロックで機械をつくろうとするようなものである。つまり，多種多様な物体をつくることはできるが，最終的な形態は，基礎となる構成単位の形とその接続方法によって制限されている。本書では，分子機械があらゆる可能性を利用し，限られた原材料一式を最大限に活用して構成されていることを紹介する。

すべての現生生物は，4種類の生体分子によって分子機械をつくることを基本設計としている。私たちの身のまわりの機械が金属，木，プラスチック，セラミックでつくられているのに対して，生体内の分子機械はタンパク質，核酸，脂質，多糖類でつくられる。これらの基本的な生体分子はそれぞれ，細胞が異なる役割を果たすのに理想的な化学的特性をもっている。この化学的特性がいかに重要であるかを知るには，「化学的相補性」と「疎水性」という2つの基本的な概念を理解する必要がある。

生体分子同士が接触すると，分子間で相互作用が起こる。多くの場合，その作用は強くないため，ぶつかった後は分子同士が離れていくだけだ。しかし，その相互作用が相補的である場合には，互いにしっかりと結合する。つまり，複数の特異的な原子間の相互作用によって結合する。原子間の個々の結合は弱いが，一方の生体分子の大きな部分が他方の分子の表面とぴったり接触するとき，個々の結合が合わさることで大きな力となる（**図 2.2**）。その他の特異的な相互作用としては，水素原子と酸素または窒素原子間で起こる水素結合，および，反対の電荷をもつ原子間に生じる塩橋がある。これらの特異的な相互作用は，小さなファスナーのように分子同士を固くつなぎ留める。

疎水性は水がもつ特殊な性質に由来する，ちょっと理解しにくい概念である。分子と水は，次の2つのうち，どちらかの方法によって相互作用する。その1つは，分子が水と強く相互作用する場合で，分子は酸素原子や窒素原子を多く含み「親水性」と呼ばれる。親水性分子は水に溶けやすく，水分子を引きつけた水和層で覆われている。砂糖や酢酸（酢に含まれる酸）は親水性の小分子としてよく知られている。もう一方は，炭素原子を多く含む分子の場合で，水とあまり相互作用せず「疎水（水を恐れる）性」と呼ばれる。水中では，これら

分子機械 11

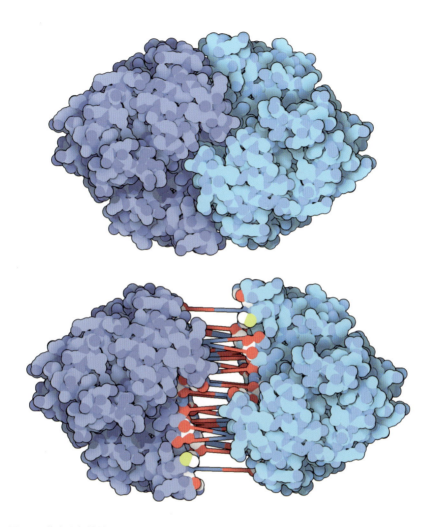

図2.2 化学的相補性 生体分子は相補的な接触面を通して相互作用する。ここには糖代謝の1つの段階を担う酵素タンパク質であるエノラーゼを示す。2つのサブユニットが結合して活性のある分子機械を形成している。下は2つのサブユニットを切り離したもので，その間の線は水素結合を形成する原子を結んでいる。これら2つのサブユニットが，互いに完全にかみ合う形をしている点に注目すること。(10,000,000倍)

の疎水性分子は互いに集まる傾向があり，周囲の水を避けるように集合体をつくる（図2.3）。これは，植物油を水中に落としたときに起こるのと同じで，疎水性の油分子は水との接触面を最小にするため油滴の形をとる。

　生体内の大きな分子機械（巨大分子）は，これらの双方の化学的性質を利用

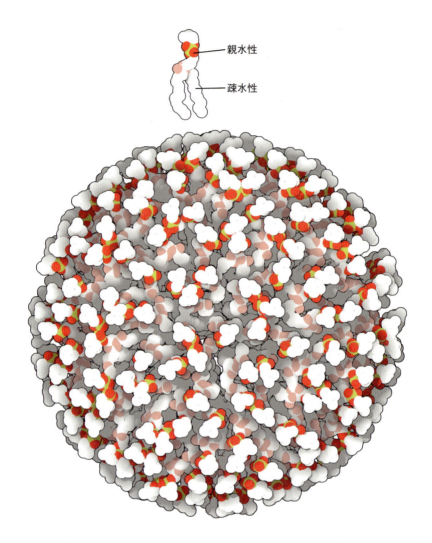

図 2.3　**疎水性**　上に示したリン脂質は，黄と赤で示した親水性のリン酸基をもち，水と強く相互作用する。分子の残りの部分は主に炭素と水素（ともに白）で構成され，疎水性のため，水との強い相互作用は示さない。脂質が水と混ざると，小さなしずく状（脂質二重層，後章を参照）になり，周囲の水との接触を最小化する。下は，多数のリン脂質が疎水性部分を内側にして凝集し，コンパクトな球体になったもの。

してつくられている。多くの場合、巨大分子は相補的な形をもった相手分子と水素結合や塩橋によって結合できるように、一風変わった形の分子表面をもっている。また、それらは水に対して異なる性質である親水性の領域と疎水性の領域の両方をもつことが多い。巨大分子が水に溶けると、これらの領域がつくる異なったパターンが、独自のはたらきを巨大分子にもたらすことになる。4つの基本的な生体分子——タンパク質、核酸、脂質、多糖類——は、それぞれの異なる目的を果たすために、これらの特性を組み合わせて用いている。

核酸

　核酸は、情報をコード化するために特化した生体高分子であり、生命プロセスの中で重要な役割——中心的な役割だと言う人もいる——を担っている。核酸は、細胞が生きるために必要な遺伝情報の全体、つまり、ゲノム情報を保存し、伝達する。タンパク質をいつ、どのようにつくるかについてのすべての情報は、各細胞の中心にある核酸の二本鎖に保存されている。

　核酸の2本の鎖の間に見られる独特の相互作用は、遺伝情報を収めた図書館を管理するのに理想的なものだといえる。核酸は、2本の長いヌクレオチドの鎖からなり、それぞれの鎖は相手の鎖と水素結合をつくる原子の特定の配置をもっており、これが核酸に独特の有用性をもたらしている。DNA（デオキシリボ核酸）のヌクレオチドには、アデニン（A）、チミン（T）、シトシン（C）、グアニン（G）の4種類がある。これら4つのヌクレオチドはAとT、CとGの組み合わせのみを形成し、それ以外の組み合わせのペアはつくらない。

　この特定のペア形成は、核酸が情報を保存し、伝達する機能の基本となる。コンピュータディスク上の一連の数字のように、遺伝情報は核酸を構成するヌクレオチドの配列として保存される。例えば、A-T-Gという配列は、「開始」を意味する普遍的な遺伝暗号である。この情報は特定の水素結合を用いて読むことができる。つまり、鎖に沿って新しいヌクレオチドを1つずつ、AとT、CとGを対応させていくと、結果として相補的なヌクレオチド配列をもつ新しい鎖ができあがる。この鎖から別の鎖をつくることができ、また世代から世代へと鎖をつくり続けることができる。

　このようなヌクレオチドの化学構造は、情報を伝達するのに申し分のないものである（図2.4, 2.5）。各ヌクレオチドは塩基と糖-リン酸基からなるが、環状の塩基は水素結合に関与する原子を正確な向きに保持し、糖-リン酸基はヌクレオチド同士を結びつけてヌクレオチド鎖を形成する。糖-リン酸基には比

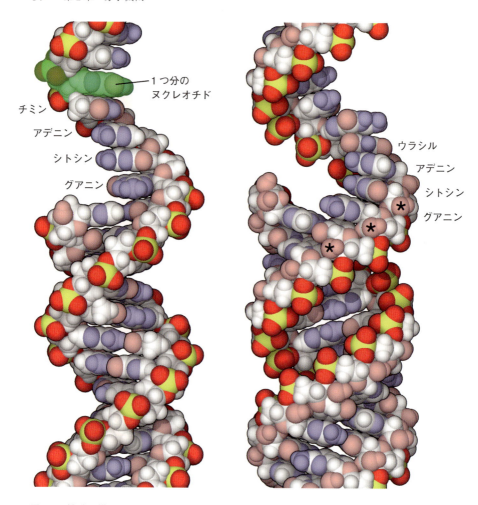

図 2.4 核酸の構造 核酸はヌクレオチドの長い鎖からなる。このイラストでは，疎水性の炭素原子を白で，やや親水性の原子は中間色（窒素は淡い青，酸素はピンク）で，電荷の強い親水性原子は明るい色（窒素は青，酸素は赤，リンは黄）で示した。より小さな球体で示された水素原子は，結合する原子と同じ色となっている。左はDNA，右はRNAで，下部は二重らせん，上部は一本鎖を示す。RNA鎖上のアスタリスク（★）は，RNAにあってDNAにない酸素原子を示す。（20,000,000倍）

較的柔軟性があるため，鎖を機能的な形状に曲げることができる。また，リン酸基は強い電荷をもつため，ヌクレオチド鎖は水にきわめて溶けやすくなっている。一方，塩基はむしろ疎水性であるため，互いに積み重なって，水を避けるように二本鎖の内側へと向く。DNAがおなじみの二重らせん構造をとるのは，こうした理由による。すなわち，DNA二本鎖は，積み重なったすべての

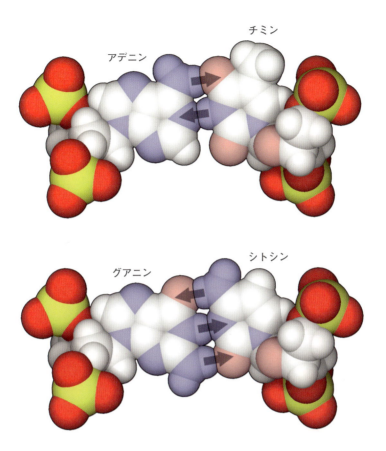

図2.5　核酸の情報伝達　DNAの塩基はアデニンとチミン，シトシンとグアニンが塩基対をなし，それぞれ特異的な水素結合によって結合する．水素結合は2つの塩基が完全に整列して並ぶときに，最も強くなる．矢印で示すようにアデニンとチミンは2本の水素結合を形成し，グアニンとシトシンは3本の水素結合を形成する．（40,000,000倍）

塩基対を内側に，リン酸基からなる曲がりくねった背骨を外側にもつ．

　生体ではDNAとRNAという2種類の核酸がつくられる（図2.6）．RNA（リボ核酸）は，2つのわずかな点でDNAと異なる．つまり，RNAでは糖部分の酸素原子が1つ多く，さらに塩基の1つであるチミンが，それと似ているが炭素と水素の数が少ないウラシルによって置き換えられている．ところが，こうした小さな化学的な違いがRNAに機能上の大きな違いをもたらす．RNAは1つ多い酸素原子のために，DNAよりもやや不安定になる．その結果，DNAが主に遺伝情報の保存装置として使われるのに対し，RNAは一時的な

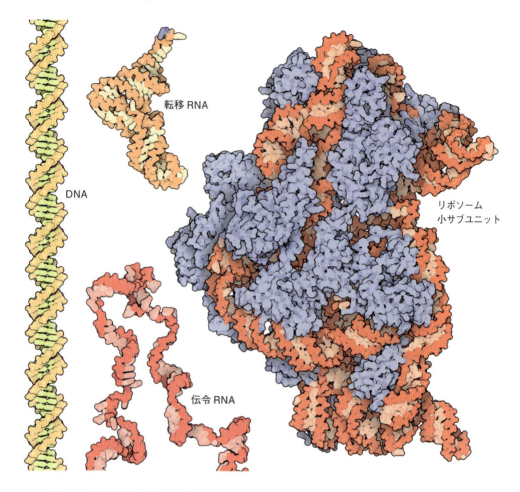

図 2.6 核酸の機能 核酸は細胞においていくつかの仕事を担っている．DNA 二重らせんは遺伝情報の主要な保存装置であり，長い鎖からなる伝令 RNA（mRNA）はこの遺伝情報の一時的な運び屋である．転移 RNA（tRNA）と RNA とタンパク質からなるリボソームは，タンパク質合成を行う巨大な分子装置を構成する．（5,000,000 倍）

情報処理のために使用される．使い捨て分子としての RNA は，DNA を鋳型として転写されたあと，切り取られ，末端が修飾され，編集される．さらに自らの機能を果たすために細胞内を輸送され，役目を終えると最終的には分解される．

しかしながら，核酸は日常的な細胞の多様な仕事を行うためには，構造面においてあまりにも制約が多すぎる．4種類の塩基は，情報伝達においては申し分ないが，何千もの異なる化学的・力学的反応を行うような多彩な分子機械を

つくるためには，互いに類似しすぎている。そのような目的のためには，核酸の代わりにタンパク質が用いられる。

タンパク質

　細胞の中のどの場所をのぞいてみても，仕事中のタンパク質を見つけることができるだろう。タンパク質には何千もの形状と大きさがあり，それぞれ異なる分子レベルの機能を発揮している。そのいくつかは単純にそれぞれ特定の形，例えば，棒状，網状，中空の球状，管状などになるようにつくられている。別のものは分子モーターとして，回転したり，曲がったり，動きまわるためにエネルギーを使用する。また，多くのものは原子間の化学反応を行う化学的触媒であり，必要に応じて化学基を正確に転移させ，変形させる。

　タンパク質はモジュール様の化学構成をもっているため，構造単位の基本セットを組み合わせてさまざまに異なった分子機械を構築することができる。核酸と同じようにタンパク質も高分子であるが，4種類のヌクレオチドの代わりに，大きさや化学的性質の異なる20種類のアミノ酸からなる（**図2.7**）。いくつかのアミノ酸は電荷を帯びており，水やイオンと強く相互作用する。また他にも，大部分が炭素原子と水素原子で構成され，強い疎水性をもつものや，サイズが大きく，かさばっているもの，反対に小さくて，せまい隙間にも入り込めるものもある。硬いものもあれば非常に柔軟なもの，また化学反応性に富むものがある一方，完全に中性なものもある。このように多様性に富むアミノ酸のアルファベットを用いて，細胞は多種類の単語からなる文章のようにタンパク質をつくりあげることができる。

　タンパク質を水に入れると，それらは驚くべき挙動を示す。タンパク質の鎖はねじれて折りたたまれ，疎水性のアミノ酸を分子内に隠し，分子表面に電荷を帯びたアミノ酸を露出させるように最適な構造をつくる。驚くべきことに，タンパク質は自己集合性の分子機械なのである。このプロセスはタンパク質単独で，もしくはシャペロンタンパク質のわずかな補助によって起こる。このシャペロンは，細胞内で周囲に存在するタンパク質の干渉から守るように，タンパク質の折りたたみを保護する。折りたたまれたタンパク質の最終的な形状は，そのタンパク質を構成するアミノ酸の配列順序にしたがって，事前に完全に決まっている。

　容易に想像できるように，自発的に折りたたまれ，安定した構造をとりうるアミノ酸の組合せはごくわずかしかない。アミノ酸をランダムな順序で重合し

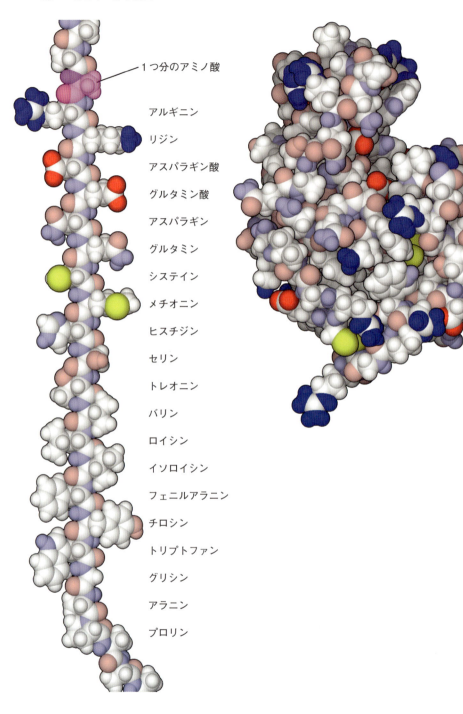

てタンパク質をつくったとしたら，それは水に入れてもほぼ確実に，乱雑にもつれた構造にしかならないだろう．生物は長年にわたる自然淘汰という進化の過程を経て，タンパク質のアミノ酸配列を完成させてきた．科学者たちは，タンパク質の折りたたみ過程を支配する独特の法則を知り，またそれに基づき，どのようにして私たち自身のタンパク質を設計すればよいか，今ようやくわかり始めたところである．

　私たちの身のまわりにある機械とは異なり，タンパク質はとても風変わりで有機的な形状をもつ（図 2.8）．その幅広い潜在能力により，タンパク質はほとんどすべての生命活動をこなせるように形づくられている．代表的な細菌は数千種類のタンパク質をつくり，それぞれ異なる機能をもつ．私たち自身の細胞では，およそ 30,000 種類のさまざまなタンパク質がつくられ，わずか 29 個のアミノ酸からなるグルカゴンのような小さなタンパク質性ホルモンから，34,000 個以上のアミノ酸からなるタイチンのような巨大タンパク質に至るまで，バラエティに富む．核酸，脂質，炭水化物など，他の生体分子に特有の化学的性質が必要となる場合を除いて，生体におけるほとんどすべての仕事はタンパク質によって行われる．タンパク質はいわば何でも屋であり，無数の形態と種類によって任務にあたる．

脂質

　脂質は，1 つひとつは小さな分子であるが，それが集合すると細胞の中で最も大きな構造体をつくる．脂質分子は水に入れると凝集して，巨大な防水シートを形成する．このシートは細胞全体を包み込み，細胞内部を外部環境から隔離する重要な境界となる．同様のシートは，核やミトコンドリアなどの細胞内部の区画をつくるのにも用いられる．

　脂質と水の間に見られる一風変わった相互作用はとても有用である．一般に

図 2.7　**タンパク質の構造**　タンパク質はアミノ酸の連なってできた鎖であり，鎖は密に折りたたまれて球状構造をとる．左は，全 20 種類のアミノ酸からなる鎖を伸ばした状態で示す．それぞれのアミノ酸の形状と化学的な成分の違いに注目すること．上部の 4 つは強い電荷をもつアミノ酸であり，中央部には極性のあるアミノ酸を，下部のいくつかは疎水性のアミノ酸を示す．一番下のプロリンは，タンパク質主鎖にキンク（硬いねじれ）を挿入する．右は，129 個のアミノ酸からなる小さなタンパク質のリゾチームを示す．（20,000,000 倍）

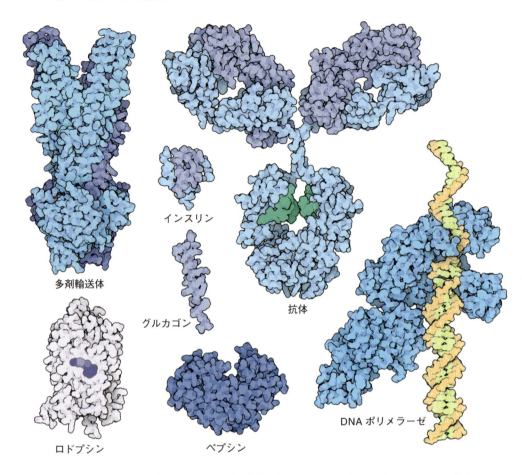

図2.8　タンパク質の機能　タンパク質は多様な役割を果たすようにつくられている。多くの場合，タンパク質はいくつかのサブユニットからなり，大きな構造体を形成する。多剤輸送タンパク質は，2つのサブユニットをはさみのように動かし，細胞内から薬剤や毒物を排出する。ロドプシンは，眼の網膜にある光のセンサー・タンパク質で，光を捕えるためにレチナール分子を利用する。インスリンとグルカゴンは血糖値の調節において反対の作用を示すホルモンである。ペプシンは，胃の中で食物を消化するタンパク質分解酵素の1つだが，この機能のために酸に対して高い耐性をもつ。抗体は異物の認識に特化しており，感染症にかかると血液中でウイルスや細菌を捕らえる。DNAポリメラーゼはDNAのもつ遺伝情報

脂質　21

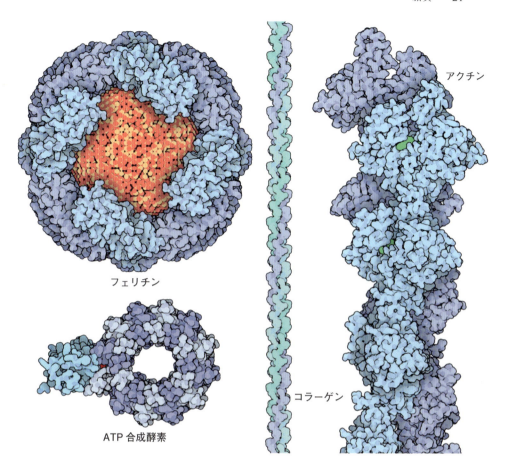

フェリチン

ATP 合成酵素

アクチン

コラーゲン

を複製する。ここに示した DNA ポリメラーゼは，温泉に生息する好熱菌から抽出されたものであり，熱安定性に優れているため，DNA 鑑定などの検査薬として用いられる。フェリチンは体内で鉄イオンを貯蔵するタンパク質であり，中心部に約 4,000 個の鉄イオンと水酸化物イオンからなる結晶体をもち，それを殻状に取り囲むサブユニットからなる。ここに示した ATP 合成酵素の一部は，電気化学エネルギーによって動く回転モーターである。コラーゲンは長くて丈夫なケーブルを形成し，私たちの組織や臓器を支えているタンパク質であり，人体に豊富に存在する。アクチンもまた構造の支柱となるタンパク質だが，必要に応じて集合したり分解されたりする。（5,000,000 倍）

脂肪や油として知られる脂質は，親水性の小さな「頭部」と，それにつながる2本ないし3本の疎水性の長い「尾部」から構成される。水に入れると，脂質分子は自発的に集合し，長い尾部を水から隠すようにして隣同士に並ぶ。誰でも知っているように，水に植物油を1滴たらすと油は油滴となり，水から分離する（図2.3）。細胞内でも同じことが起きるものの，スケールはずっと小さく，もっとよく制御された状態で起こる。細胞においては，脂質は凝集して脂質二重層を形成する。脂質二重層とは，脂質が整列してできた2枚の層からなる連続的なシートである（図2.9）。すべての脂質の尾部は隣接しながら中央部に詰められ，頭部は上下の表面に顔を出し，周囲の水と接して安定化する。

脂質二重層は非常に多くの個別の分子から構成されているため，ダイナミッ

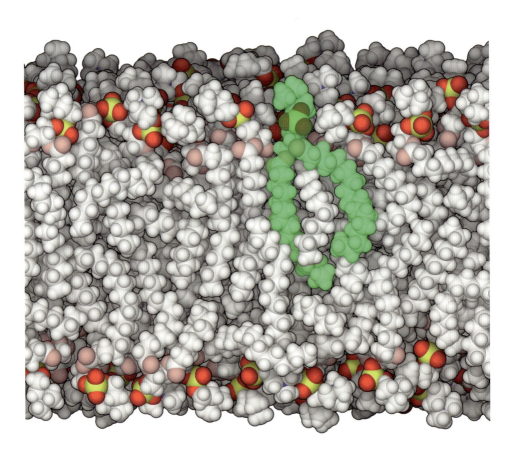

図2.9　**脂質二重層**　個々の脂質分子（1つ分を緑色で示す）はタンパク質や核酸のような高分子ではなく，強い疎水性をもつ比較的小さな分子である。生体内で脂質分子は互いに集合し，動的な脂質二重層を形成する。この図は脂質二重層の断面図を示しているが，炭化水素鎖がもつれ合いながら凝集している様子を見ることができる。（20,000,000倍）

クでかつ流体のように流動的である。個々の分子はコマのように回転し，疎水性の尾部を激しく揺らす。また，脂質同士は相互にすり抜けながら移動することができるため，膜内にとどまったまま常に横方向に無秩序な運動を行う。それらは非常に流動的であるため，脂質二重層は細胞にとって完璧な皮膜となる。細胞膜は柔軟性をもち，細胞の要求に応じて自由に曲げられる。裂け目ができると迅速に修復され，また脂質分子を単純に加えたり減らしたりすることで，細胞膜のサイズを急速に拡大したり縮小したりすることもできる。

　脂質の尾部は互いに強く相互作用しているため，脂質二重層は優れたバリアとしても機能する。タンパク質や核酸といった生体高分子はすべて細胞膜によって完全に遮断され，細胞内に安全に囲い込まれる。金属イオンは膜を透過することはできず，水分子は膜をほとんど通過できない。しかし，アルコールや薬剤のような低分子の疎水性化合物は膜を通過することができ，脂質の尾部を押しのけながら容易に細胞内部にまで入り込む。

　しかし，実際の細胞では純粋な意味での脂質二重層はほとんど存在しない。つまり，完璧なバリアは細胞を食物や栄養分から遮断し，廃棄物を密閉することになってしまうのだ。この問題を解決するために，細胞膜にはさまざまな種類の膜タンパク質が挿入されている。膜タンパク質は密封された膜の向こう側へ化合物を輸送するポンプとしてはたらき，あるいは細胞膜の表側と裏側をつなぐ信号媒体となり，メッセンジャーとしての役目を果たす。

多糖類

　生体を構成する4つの基本物質の最後は，組織に含まれる多糖類である。多糖類は単糖が長くつながってできるが，途中でしばしば枝分かれした高分子となる。糖は分子表面がヒドロキシ基（酸素原子と水素原子）によって覆われているため，水との親和性が強く，また他のヒドロキシ基とも強く相互作用する。多糖類はこの特性を利用して，2つの主要な機能に携わる。その第一は貯蔵である。糖，なかでもブドウ糖は生体にとって主要なエネルギー源となる。多糖類はこのエネルギーを蓄える貯蔵庫として使われる。栄養が豊富なときには，余分な糖分子は重合し，多糖類の大きな顆粒となって貯蔵される。栄養が乏しくなると，これらの顆粒は分解されてブドウ糖が放出される。多糖類は単糖よりも反応性が低く，多くのヒドロキシ基が密集して貯蔵しやすい顆粒になるため，遊離した単糖をそのまま高濃度で保持するよりも効果的なエネルギー貯蔵と言える。植物においてブドウ糖はデンプンの形で貯蔵される。ソースにとろ

みを付けたり，シャツの襟を糊付けしたりするのに用いられる，あのデンプンである。一方，動物細胞ではブドウ糖はそれとは異なった重合反応を受け，グリコーゲンとして貯蔵される。

多糖類には，もう1つ重要な役割がある。多糖類は一方では粘り気のある構造体をつくる場合もあるが，通常は生体で最も耐久性のある構造体をつくるのに用いられる。あなたがいる建物や本書の紙面の大部分は多糖類でつくられている。樹木のセルロース繊維はその大部分が長い多糖類鎖からなる（図2.10）。昆虫の硬い殻はキチン質と呼ばれる多糖類でできている。これらの高分子は互

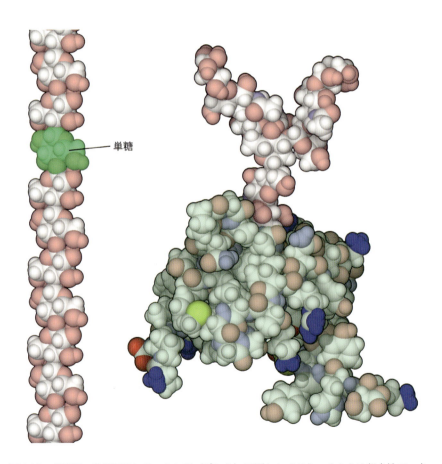

図 2.10　多糖類　多糖類はヒドロキシ基（ピンク）に覆われており，そのため親水性で，水によく溶ける。ここに2つの例を示す。左はセルロースで，単位となる単糖を緑色で強調してある。右は絨毛ゴナドトロピンと呼ばれるタンパク質性ホルモンであり，短いタンパク質部分（緑）と二股に枝分かれした多糖類部分からなる。この例のように，多糖類は細胞表面にあるタンパク質の多くとつながっている。（20,000,000 倍）

いにヒドロキシ基でつながることで，構造を支える丈夫な梁となり，木材やロブスターに大きな強度をもたらしている。

　私たちの体をつくる細胞も構造の素材として多糖類を用いているが，それはセルロースやキチン質のような巨大分子ではない。大部分の細胞は短い多糖類の層で覆われており，それは細胞表面でタンパク質か脂質とつながっている。これらの多糖類は細胞表面から伸びて，水と接触する。この多糖類と水の混合物は，細胞の周囲に粘りのある被膜を形成して，細胞を守るバリアとなっている。この多糖類のバリアがどのようなものかを知りたければ，風邪をひいたときのことを思い出してみればよい。粘液のあの独特の性質はタンパク質に結合した多糖類という構成成分に由来する。

細胞内にある分子の奇妙な世界

　後の章で述べるように，細胞は小さく混雑した場所であり，多くのことが同時に起こっている。生きた細胞の，この風変わりな環境の中で，分子機械はナノスケールの作業を行わなければならない。このことは多くの驚くべき問題と，いくつかの新しい好機をもたらす。

　細胞内は驚くほど混雑しており，通常，空間の 25 〜 35％はタンパク質や核酸のような高分子で占められている。容易に想像できるように，これらの高分子は互いに邪魔になる。このことは，分子のはたらきにとって一見，正反対に見える 2 つの影響を及ぼす。第一に，大きな分子はたえず周囲から邪魔されるため，細胞内を拡散によって移動することは容易でない。そのため，各分子の動きは遅くなり，2 つの分子が互いに出会うには，より多くの時間を要する。しかし，これを逆に考えると，いったん出会った分子同士は，この混雑した環境のおかげで会合しやすくなるわけだ。というのは，周辺は常に混みあっているため，2 つの分子は接近している時間が長くなり，その間に相互作用するのに必要な正しい配置をとる可能性が高まるからである。こうして，細胞内の混雑した環境においては，分子はバラバラに離れているよりも，たがいに集まり，大きな分子会合体を形成しやすくなる。

　細胞には分子運動を阻害，または促進するバリアもある。膜は細胞の一部分を隔離するのによく用いられ，一方から他方へと移動する分子の拡散を完全にブロックする。つまり，特定の機能に必要とされる分子群だけを小さな空間に入れて隔離することで，閉じ込められた分子の機能を促進する。膜もまた分子の拡散を速め，分子同士を会合しやすくする。タンパク質は膜と軽く接触した

あと，膜と接しながら膜の表面を動き回る場合がある。このとき，タンパク質は膜の表面を二次元的に動くため，三次元空間を自由に拡散するよりも限られた範囲内を動くことになる。そのため，分子は膜の表面で非常にすばやく目標を発見することができる。同様の現象は，DNAに結合するタンパク質においても見られ，タンパク質はDNAの二重らせん上を前後にすべりながら，適切な結合ポイントを探す。例えば，lacリプレッサータンパク質は，DNAの大部分の領域とは弱く非特異的にしか結合しないが，特異的なヌクレオチド配列をもつ地点では非常に強く結合し，リプレッサー（抑制因子）としてはたらく。すなわち，一次元のDNAらせん上をすべることで，三次元空間をランダムに拡散するよりも，何百倍も速く目的とする結合部位を見つけることができるのである。

また，分子機械が行う仕事は厳密な特異性が要求される。細胞内の典型的な酵素タンパク質は，何千種類もの分子と衝突しているが，酵素タンパク質は，こうしたたくさんの邪魔者をかき分けながら，自分の必要とする相手分子を捕まえなくてはならない。生体高分子は分子認識のエキスパートとして，この不可能に思えるような難しい仕事を行っている。そのためには，相手分子と多くの接触点で結合できるように，完全に補完的な形態と化学的性質をもつ必要がある。酵素タンパク質は相手化合物をほぼ完全に包み込むような形で結合し，また相手がタンパク質のときは広くて相補的な形状の相互作用面によって結合する。こうした驚くべき特異性により，細胞内では1,000もの反応が同時に起こることも可能であり，それらは全体として濃厚な細胞質スープの中で協調的な活動を続けている。

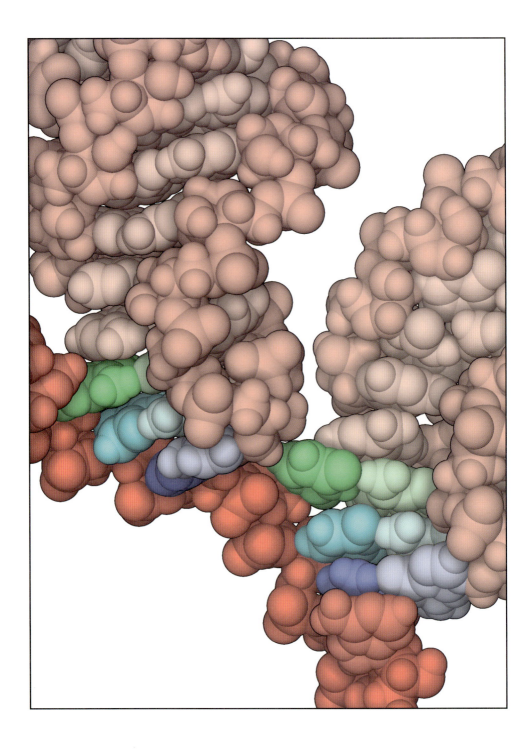

第3章
生命の営み

　生命とは何か？　誰でも一目見れば，ある物が生物かどうかを判別できるが，突き詰めて考えると，生物の一貫した定義を挙げるのは容易でない。例えば，植物は成長し生きているが，結晶も成長するけれども生きてはいない。その違いはなんであろうか？　1944年に物理学者のアーウィン・シュレーディンガーは，今日まで通用するような，生命についての簡明な定義を与えた。彼はすべての生命は共通する1つの性質——平衡状態に陥るのを避ける特性——をもっていると主張したのである。

　私たちの宇宙では，均一性へと向かうたえまない動きがある。1杯の湯はまわりの空気と同じ温度になるまで冷えていく。そのコップの水はゆっくりと蒸発し，部屋いっぱいに均一に広がる。水分子は互いにくっついて水蒸気となり，やがて雨として広い範囲に降るだろう。岩や山，あるいは地球そのものでさえ，たえまない風化と崩壊を続け，何十億年もすると，最後には塵となって飛び散ってしまうだろう。

　生物はこのような破壊力に抵抗する。どんな困難に直面しようとも，生物は同一性を維持しようとして懸命に努力する。寒くなれば私たちの体は発熱して，冷却へと向かう自然の摂理に抵抗する。私たちの皮膚は体の構成要素を風や雨

◀──────────────────────────────

図3.1　遺伝情報の伝達　tRNAのmRNAへの結合は，遺伝情報がタンパク質を構成する一連のアミノ酸へと翻訳される段階にあたる。ここでは，2つのtRNA分子（上部のピンク）がmRNA（下部の赤）と結合し，3つのヌクレオチドから構成される2つの連続したコドンを読み込んでいる。コドン／アンチコドンの各ペアにおける3つの塩基を緑，水色，紫で示した。**図3.4**に示すように，この過程は実際にはリボソームの奥深くに埋まった状態で進行する。（40,000,000倍）

から守っている。私たちの細胞は傷ついたら修復され，あるいは新品と取り換えることで，環境による破壊力に対抗する。その結果，少なくとも数十年に及ぶ寿命の間，ほとんど同じ状態を維持することができる。

本章では，前述のような，平衡状態へ崩壊しようとする不可避な摂理を先延ばしにするために，地球上のすべての生物が採用している基本的な方策について考察する。その方法は3つの基本的なカテゴリーに分けられる。第一は，生物は環境の中にある物から自身を構成する部品をすべてつくりだし，それらを用いて成長し，修復して，最終的に自分自身を再構成することである（図3.1）。第二に，生物はエントロピーに対する不断の戦いのための燃料を環境のエネルギー源から供給する。第三に，生物は苦しい環境に耐えたり，より肥沃な土地へ移動したりして，環境から自身を守る。これら3つの方法は，生命の進化の早期に獲得され，現在においてもなお，私たちは生き続けるためにこれらの方法に依存している。

生体分子の構築

生きている細胞には継続的な保守と修復が必要である。食物を見つけ，消化している間も，敵と戦い，肉食動物から逃れながらも，細胞は傷つき，不要となったあらゆる構成成分を手際よく置き換えていく。この驚くべき芸当について，しばらく考えてみたい。壊れた時計のように，細胞を修理店にもって行くことはできない。生体は生きるために進行中のプロセスを乱すことなく，それらを修復しなくてはならない。例えば，自分の車の擦り切れたファンベルトを交換することを想像してみよう。ただし，あなたは車を走らせながら，それを行う必要があるのだ。

さらに困難なことに，細胞は周囲の環境から手に入る資源だけを用いて分子機械の構成物をすべてつくらねばならない。この点の困難さについて考えてみる必要がある。多くの細菌は，二酸化炭素や酸素，アンモニアといった，いくつかの単純な原料から自分自身の分子をすべてつくり出すことができる。1つの細菌は，モーター，梁，毒素，触媒，機械の構造体といった何千種類ものタンパク質を，どのようにしてつくるのかを知っている。また，この細胞ではヌクレオチドの異なる配列を使って，何百ものRNA分子や脂質，糖のポリマーの集合体，あるいは，めずらしい種類の低分子化合物などもつくる。細胞は，これら多様な分子のすべてを，細胞が食べたり，飲んだり，呼吸したりして取り込んだ分子だけを用いて，ゼロからつくり出さなくてはならない。

一方，ヒトの細胞は自給自足とは言えない。私たちは食物から多くの有用な分子を取り入れるため，そこまで徹底する必要はない。私たちは太陽光から直接エネルギーを取り出すことはできないため，エネルギーを得るには糖と脂肪を摂取しなくてはならない。タンパク質を合成するには，私たちの体内で自給できない何種類かのアミノ酸を食物から摂取する必要がある。またビタミン——ある種の酵素タンパク質が活性化するのに不可欠な分子——も，私たちの体内では合成できないため摂取する必要がある（ビタミンについては最終章で詳しく述べる）。しかしながら，私たちは脂質，大部分のアミノ酸，ヌクレオチド，糖といった何百もの有用な分子を体内でつくることができる。さらに，私たちの細胞でも特殊な用途のために，たくさんの変わった分子をつくり出す。例えば，ヨウ素原子を含む甲状腺ホルモン，低分子量の神経伝達物質，天然の鎮痛薬，鉄イオンを用いて酸素を捕える真っ赤な分子などである。

　生きている細胞は，2つの基本的な方法を用いて構成部品をつくっている。糖やヌクレオチドのような小分子は，すべて一連の化学反応によって，原子単位で合成される。多くの場合，利用可能な原料を最終生成物に変換するまでに何十もの段階を経る（**図 3.2**）。細胞は，これらの化学反応を進めるために，専用の酵素群を用いる。これらの合成酵素のはたらきは速く，効率的で，特異的である。また高度に制御されているため，細胞は無駄や副産物を生じることなく，必要なときに必要な分子だけをつくる。酵素タンパク質のこうした驚くべき能力によって，細胞は化学合成のエキスパートとなる。そのレベルは，私たちが研究室で行う実験技術よりもはるかに優れている。

　しかし，この特殊行程の連続からなる合成方法は，何千種類ものタンパク質を合成するのには向いていない。1つのタンパク質をつくるには，何百ものアミノ酸を特定の順序でつなげなくてはならず，そのために専用の酵素群を用意するわけにはいかないからである。その代わりに，細胞は第二の方式によってタンパク質や核酸をつくる。それは遺伝情報に基づく合成法であり，非常に柔軟性に富み，必要に応じて任意のタンパク質や核酸をつくることができる。

　遺伝情報に基づくタンパク質と RNA の合成方法は，現生生物のもつ多様性と強靭さを可能にした基本的な分子プロセスである。この方法は2つの条件が必要である。第一に，最終生成物はいくつかの標準的な構成要素からつくられなくてはならないこと。生きている細胞において，この構成要素はアミノ酸またはヌクレオチドであり，最終生成物はタンパク質または核酸である。第二に，構成要素の順序を指定した最終産物の設計図が存在しなくてはならないこと。地球上のすべての生物において，この設計図は DNA ゲノムの中にあるヌクレオチドの配列として保存されている。

第 3 章　生命の営み

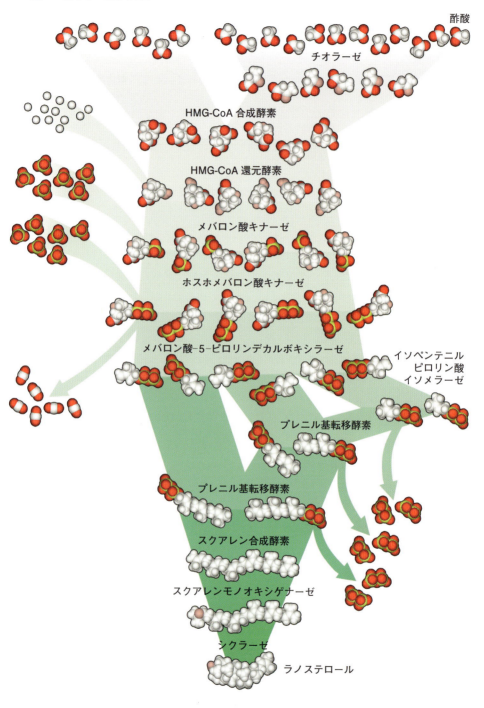

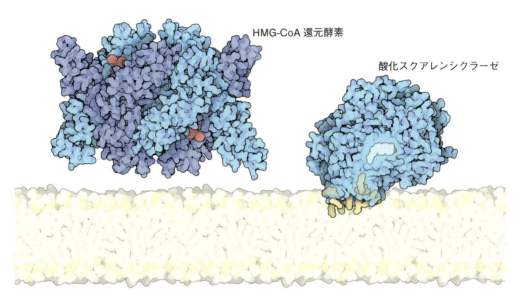

図 3.2　ステロールの生合成　私たちの細胞は左ページの図に示すように 18 個の酢酸分子（最上部）からラノステロール分子（最下部）を合成する。この合成には 10 以上もの化学反応が必要で，各反応は特異的な酵素タンパク質によって触媒される。この後，ラノステロールはコレステロール（さらに少なくとも 20 以上の化学反応が必要）や他のステロイド分子をつくるために用いられる。(10,000,000 倍)　上は，ステロールの合成に用いられる 2 つの酵素タンパク質である。HMG-CoA 還元酵素は最初の縮合反応の 1 つを行い，反応過程の全体のペースを整える。酸化スクアレンシクラーゼは，長くて薄い形状の酸化スクアレン分子を融合反応によって重合し，ずんぐりした形状のラノステロール分子を合成する。酸化スクアレン分子は疎水性が非常に高いため通常は膜内に存在するが，この酵素タンパク質は上の図のように膜の表面に結合して，酸化スクアレン分子を活性部位へ取り込む。(5,000,000 倍)

　現生生物において，この過程は 2 段階で行われる。第一の段階は転写と呼ばれ，DNA に保存された遺伝情報に基づいて RNA 分子がつくられる（**図 3.3**）。RNA ポリメラーゼと呼ばれる酵素タンパク質は DNA の二重らせんの一部をほどいて，1 秒につき約 30 ヌクレオチドの割合で DNA と相補的な RNA 鎖を合成する。RNA は DNA 断片のヌクレオチドを 1 つずつ写し取ってつくられた DNA 情報の正確なコピーである。望み通りの RNA が生成されたら，転写過程は終了し，RNA はその機能を発揮するために放出される。

　次に，コピーされた RNA は翻訳と呼ばれる過程においてタンパク質の合成を指示するのに用いられる（**図 3.4**）。RNA 鎖のヌクレオチド配列は読み取られて，新しいタンパク質をつくる際に，正しい順序でアミノ酸を結合するために使われる。ただし，RNA のヌクレオチドとタンパク質のアミノ酸には 1 対

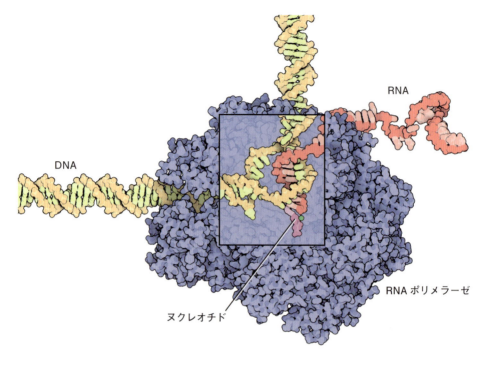

図3.3 DNA の転写から RNA の合成 RNA ポリメラーゼ（青）は DNA の二重らせんをほどいて片方の DNA 鎖に相補的な RNA 鎖をつくる。（5,000,000 倍）

1の対応がないため，翻訳は転写よりも複雑である。ヌクレオチドは4種類しかないが，アミノ酸には異なるものが20種類ある。生物は巧みなコード化を行うことによって，この問題を解決した。RNA のヌクレオチドのトリプレット（3つで1組となる暗号）はコドンと呼ばれ，各アミノ酸を指定している。例えば，CUG はロイシン，CGG はアルギニンであり，また UAA は「停止！」を意味する3つのコドンのうちの1つである。この翻訳過程の詳細は転写よりもはるかに複雑であり，翻訳にはタンパク質もしくは RNA，またはその両方からなる50以上もの異なる巨大分子の協力を必要とする。

　ヌクレオチドのトリプレットとアミノ酸との実際の対応づけは，転移 RNA（tRNA）と呼ばれる特殊な RNA によって行われる。20種類の異なる tRNA 分子が存在し，それぞれの tRNA は一方の端にアンチコドン（ヌクレオチドのトリプレットからなる）と呼ばれる部位をもち，他端には対応するアミノ酸を結合するための部位をもつ。さらに，20種類の酵素タンパク質（アミノアシル tRNA 合成酵素）からなるもう1組の酵素群があり，それぞれの酵素タ

ンパク質は対応する tRNA に正しいアミノ酸を結合させる。また，タンパク質合成には，開始，停止および各段階でエネルギーを供給する特殊なシャペロン様タンパク質を必要とする。リボソームはこれらすべてをまとめて，タンパク質を合成する。リボソームは伝令 RNA（mRNA）に沿って1つずつ動き，mRNA に対応させて tRNA を整列させ，tRNA の運搬するアミノ酸をつなぎ合わせる。1秒間に約 20 個の割合でアミノ酸をつなぎ，平均的な長さのタンパク質をつくるには約 20 秒かかる。

　遺伝情報に基づく RNA とタンパク質合成は，高分子をつくるためのとても巧みな方法である。必要な情報はすべて細胞のゲノムの中に保存されている。新しいタンパク質や RNA が必要になったときは，情報が読み出されて，その合成が指示される。しかし何より重要なことは，ゲノムの情報を変更するだけで，まったく新しいタンパク質や RNA を簡単につくることができることである。つまり，新規のタンパク質をつくるのに専用の酵素群を用意する必要はなく，ゲノムの情報を変更するだけでよい。異なる生物のゲノムの比較から明らかになったことは，生命の進化において塩基置換，挿入と欠失，スプライシング（組換え），編集など，さまざまな変異がこのゲノム上で起きたということである。ただし，中心的な仕事を行う一部の重要なタンパク質は，数十億年にわたってほとんど変わらないままであった。例えば，第1章で示した酵素タンパク質——グリセルアルデヒド-3-リン酸脱水素酵素——は事実上ヒトと細菌で同一である。一方，日々変化するタンパク質もある。例えば，私たちの抗体遺伝子は，新たな感染に対して新しく微調整された抗体タンパク質をつくりだすために，常に変更され編集されている。

　ゲノムは細胞中のすべてのタンパク質の合成に関するレシピであり，そのレシピはそれぞれのタンパク質をいつ，どこで，どのように発現させるかに関する指示を含む。ゲノムの全塩基配列は，何十種類もの生物種（後述の大腸菌やヒトを含む）で明らかになっている。ゲノムのサイズと複雑さは生物種によってさまざまである。最も小さなものは約 500 種類のタンパク質をコードするゲノムである。例えば，寄生性の細菌であるマイコプラズマ *Mycoplasma genitalium* のゲノムは 580,000 個のヌクレオチドからなり，517 個の遺伝子をコードしている。この細菌に関する詳細な研究から，そのうちの約 300 個が生存に必須な遺伝子であることが明らかになった。大腸菌のゲノムはそれよりも大きく，約 470 万個のヌクレオチドと 4,500 個以上の遺伝子を含む。さらにヒトのゲノムは 30 億個以上のヌクレオチドからなり，約 30,000 種類のタンパク質をコードしていると推定されている。

　細菌のゲノムは比較的よく整理された書類のようなものである。ゲノム上で

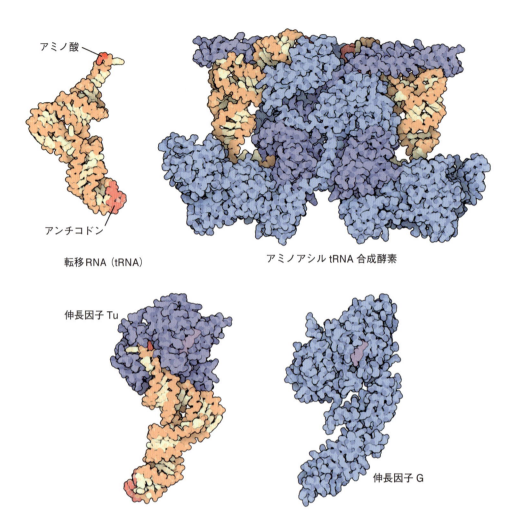

図3.4　RNA の翻訳からタンパク質の合成　タンパク質の合成には何十種類ものタンパク質の協力が必要である。上は、アミノ酸の一種のフェニルアラニンの tRNA 分子と、フェニルアラニル tRNA 合成酵素（tRNA の一端にフェニルアラニンを付加する酵素）を示す。これ以外の 19 種類の tRNA 分子も、それぞれ専用のアミノアシル tRNA 合成酵素によって、対応するアミノ酸が付加される。さらに、翻訳過程を支援するタンパク質として伸長因子がある（下）。細菌の伸長因子 Tu はリボソームに tRNA を運び、エネルギーを供給する。一方の伸長因子 G は、ペプチド鎖に各アミノ酸が 1 個つけ加えられるたびに、mRNA をコドン 1 つ分押し進める。リボソーム（右ページの図）は、これらの分子をすべて統合し、mRNA のコドンに合わせて tRNA 分子を順次整列させ、アミノ酸をつなげていく。（5,000,000 倍）

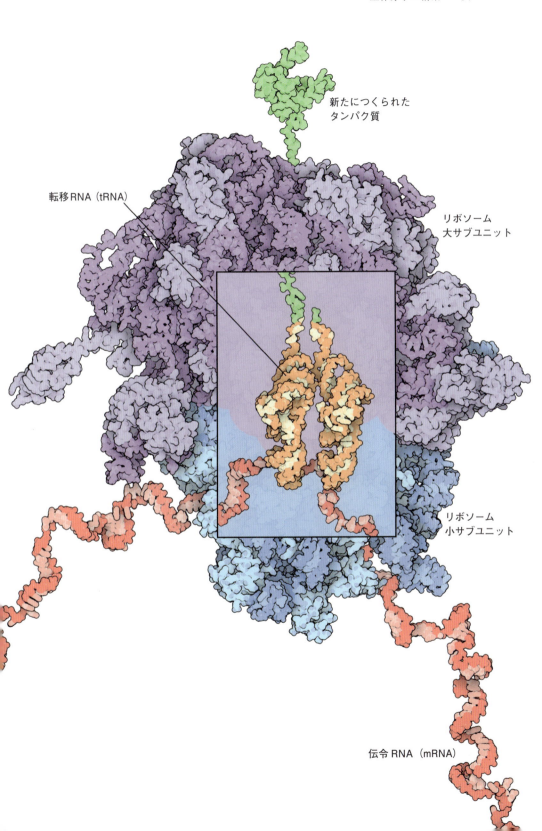

各遺伝子は互いに隣り合って並び，たいていは特定の機能に対応してオペロンごとにまとめられ，オペロンとオペロンの間には制御についての情報が置かれている。ところが，ヒトのゲノムはとても複雑で，もっと無秩序に見える。タンパク質をコードする遺伝子はDNAの長い断片によってところどころが中断されている。そのため典型的な遺伝子はたいてい，タンパク質をコードするのに必要な領域の10〜20倍もの長さをもつ（図3.5）。しかしながら，これは遺伝子を転写する際に余分なRNA断片の除去（スプライシング）を行う必要があることを意味し，それにより制御と調節を通して多様性を生むことができるという有用性がある。ヒトゲノムの半分以上はタンパク質をコードしていないDNA領域からなり，その領域は膨大な数の反復配列と，ゲノム内をあちこち飛びまわる可動性因子によって占められている。

　さまざまな生物のゲノムを見ると，遺伝情報は相反する2つの力によってつくられてきたことがわかる。一方で，ゲノムは貴重な遺伝情報を世代から世代へと忠実に伝えていかなくてはならない。しかし他方では，ゲノムの変化（変異）は進化において重要な役割を果たす。これら2つのバランスは生命の形態と多様性を形づくっており，生物は自分と似た子どもを産むが，同時に環境の変化に適応しうる十分な多様性をもっている。ヒトと大腸菌のゲノムを比較してみると，両者は大きく異なっている。解糖系の酵素タンパク質など，いくつかの非常によく保存されたタンパク質は類似しているものの，両者は異なる進化の道筋をたどったために，その他の大部分のタンパク質は大きく変化してしまっている。しかし，系統上私たちに最も近い生物を見ると，私たちのゲノムは気味が悪いほど似ているようだ。例えば，ヒトのゲノムは最も近縁であるチンパンジーのそれと約1%の違いしかない。しかし，個々の遺伝子のコピー数（遺伝子発現に影響する）の違い，ゲノム上の遺伝子の挿入と欠失の状態，あるいはゲノムの広大な非翻訳領域にコードされた多数のRNA（機能が未知なものが多い）などに注目しだすと，実際の違いははるかに大きくなる。これらの違いは個体発生において重要な影響を及ぼし，チンパンジーとは顕著に異なるヒトの姿形をつくりあげる。

　しかし，生物を理解するのに必要な情報はゲノムだけではない。ゲノムは全体図の一部にすぎず，生物の大筋を見るときに有用であるにすぎない。生物の詳細なレシピをつくるためには，ゲノムからつくられるタンパク質のすべて——しばしばプロテオームと呼ばれる——を理解する必要がある。そして，これらのタンパク質がどのように集まり，どのように相互作用するか——インタラクトームと呼ばれる——を理解しなくてはならない。さらに私たちは，生体における他の多くの分子——自己集合する脂質膜，多種類のRNA分子，さまざ

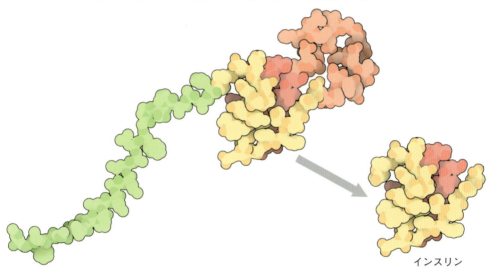

図 3.5　ヒトインスリンの遺伝子　ここには，インスリンをコードする遺伝子を含んだヒトゲノム断片の配列を示す．成熟したインスリンタンパク質になるには，いくつかの処理段階を経る必要がある．DNA 配列において，インスリンがコードされた領域は 2 つに分割されており，この図では大文字で示されている．この領域は ATG（典型的な開始コドン）で始まり，終止コドン TAG で終わることに注目すること．mRNA として転写された後，これら 2 つの領域はスプライシングを受けて結合され，全長が 98 個のアミノ酸からなるタンパク質が合成される．さらに，このタンパク質は先頭のシグナル配列（緑）と中央のループ部分（オレンジ）が取り除かれて整えられる．残りの 2 つの部分（赤と黄）が成熟タンパク質を形成する．（10,000,000 倍）

まな種類の多糖類，巨大分子の間を走りまわる各種の低分子化合物——のすべてを理解しなければならないのだ。入念な科学研究を通じて，これらのパズルのピースの多くが互いにはめ込まれ，生物を理解するためのレシピが次第に明らかになりつつある。

エネルギーの活用

　生き続けようとするたえ間ない戦いの中で，生物は多くのエネルギーを消費する。エネルギー消費の目的のうち，いくつかは明白である。私たちは移動するときに多くのエネルギーを消費するし，体を温かく保つのにもたくさんのエネルギーを使う。しかし，もっと微細な過程においてもエネルギーを必要とする。細胞内の化学反応を制御するのにもエネルギーは必要であるし，それによって必要なときに正しい反応だけが正確に起こるようにすることができる。分子サイズの小さなモーターとポンプは細胞内外に物資を輸送する際にエネルギーを使用し，必要なタイミングでそれらを届ける。エネルギーのたえ間ない流れこそが，細胞や生物体に対して，次第に冷えて停止し，ゆっくりとだが確実に崩壊するという「自然の摂理」に対する抵抗力を与えている。

　地球上の主要なエネルギー源は太陽である。一部の風変わりな細菌は，水素ガスや硫黄，アンモニアなどを用いた独特の反応からエネルギーを得るが，ほとんどの生物は生きるためのエネルギーを究極的には日光から得ている。植物は日光を捕らえ，光合成の過程で二酸化炭素と水から糖分子をつくるために，このエネルギーを使用する（図3.6）。これらの糖分子は，まず植物自身の生命活動に使用され，最終的には大部分の動物，細菌，真菌類にも利用される。

図3.6　光化学系とリブロースビスリン酸カルボキシラーゼ　これら2つのタンパク質は，これらを支える一群のタンパク質とともに，地球上のほとんどすべての生物に食物を供給している。光化学系は明るい色のクロロフィル（葉緑素）分子を使って光を吸収し，そのエネルギーによって電子の流れを起こす。この図では，クロロフィルとその他の補因子だけを示し，まわりを取り囲むタンパク質鎖は省略した。主要な光・エネルギー反応は3つのサブユニットのそれぞれの中心において，クロロフィル分子と鉄・硫黄クラスター（図の明るい色）の特殊な中継経路を経て起こる。まわりをとり囲む多くのクロロフィル分子は，光を集めて中心にエネルギーを集めるアンテナとしてはたらく。このエネルギーは，いくつかの変換を受けたのち，最終的にはリブロースビスリン酸カルボキシラーゼ/オキシゲナーゼという酵素（下）によって二酸化炭素から糖分子を合成するのに使われる。（5,000,000倍）

エネルギーの活用　41

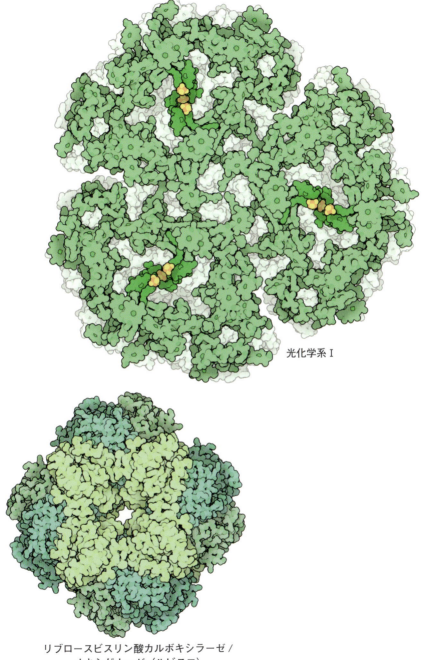

光化学系 I

リブロースビスリン酸カルボキシラーゼ /
オキシゲナーゼ（ルビスコ）

生体内で使われるエネルギーの多くは，単糖であるブドウ糖の分解から得られる。ブドウ糖分子の炭素原子と水素原子はバラバラにされ，ついで酸素と結合してそれぞれ二酸化炭素と水をつくる。これが呼吸によって空気中の酸素を取り込む必要があることの理由である——実際，この酸素なしには，私たちは体を動かすのに必要なエネルギーをつくることができない。ブドウ糖と酸素の組み合わせは，大きなエネルギーを生むプロセスである。ブドウ糖に似た糖の長鎖でできた木材を燃やすと類似の反応が起こるため，誰でもこのことによくなじんでいる。しかし，私たちの細胞は，ストーブのように食物を単純に燃焼させることはできない。そのようなことをすれば，すべてのエネルギーは熱として放出され，エネルギーを捕らえることも利用することもできないだろう。その代わりに，細胞はあまり直接的ではない方法をとる。細胞はエネルギーを小分けにして，ブドウ糖分子を多数の段階で少しずつ分解する。それぞれの段階は完璧に制御されており，ほんのわずかなエネルギー変化しか伴わない。

　細胞は化学エネルギー，電気化学エネルギー，機械的な運動，光の吸収と放出，電子の流れなど，多くの種類のエネルギーを利用する。糖の分解と同じように，分子機械はこれらのエネルギー変化のプロセスを小さな段階に分けて少しずつ行う。化学エネルギーは1分子の反応から得られ，電気化学エネルギーは個々のイオンの移動によって蓄えられる。光エネルギーは一度に1光子ずつ捕獲され，電子伝達経路の一連の流れでは，電子は1個ずつ移動する。これら過程は，私たちが見慣れた巨視的な世界では，まず見ることのできない細かな制御レベルと高い効率を達成している。

　化学エネルギーは，エネルギー的に特別有利な化学反応によって得られ，エネルギー的にあまり有利でない他のプロセスを動かすために利用される。ATP（アデノシン三リン酸）は，化学エネルギーの基本的な通貨である（図3.7）。ATPは化学エネルギーを捕らえ，必要とされる場所へ運ぶために用いられる。ATPはDNAの構成単位であるヌクレオチドの一種であり，その一端に，ひと続きにつながった3個のリン酸基をもっている。各リン酸基は負の電荷を帯びているため，互いに強く反発しあう。そのためATPをつくるのは難しいが，分解させるのはたやすい。細胞は，エネルギーが余っていればそれを利用してATPを生み出し，エネルギーを必要とするプロセスがあれば，ATPを分解してエネルギーを注入する。例えば，ブドウ糖を分解する反応はエネルギー的に非常に有利であるため，この反応に関与する酵素群は合成と分解の2つの反応を同時に行う。すなわち，糖の分解反応と同時にそれに伴ってATPの合成反応を行う。それとは逆に，tRNAにアミノ酸を結合するようなエネルギー的に有利ではない緩慢な反応では，ATPの分解と連動させること

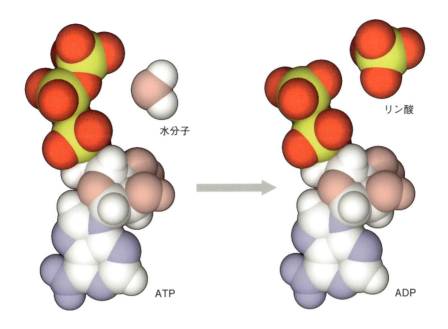

図 3.7 ATP（アデノシン三リン酸） ATP は，3 つのリン酸基（それぞれ負の電荷を帯びている）が直接結合しているため，不安定である。ここに示す 2 つのリン酸の間の結合を水分子が切断して ADP（アデノシン二リン酸）に分解する反応はエネルギー的に非常に有利で，細胞の多くの過程を動かすのに用いられている。(30,000,000 倍)

で反応速度を上げることができる（図 3.8）。

　細胞はまた，電気化学的なエネルギーを利用して細胞サイズの電池としてはたらく。水素イオンやナトリウムイオンのような荷電性イオンは，細胞膜を介したポンプ輸送によって膜の片側に集められる。その結果，ちょうど蓄電池のように電気化学的勾配が形成される。蓄えられたエネルギーはイオンが膜を越えて元の平衡状態に戻ろうとする際に放出され，他の分子機械を動かすのに使われる。膜を介したポンプ輸送を行うには，ATP の分解，光の吸収，電子移動など多くの方法が用いられる。これらの電気化学的な勾配はいくつかの用途で使われており，例えば，ナトリウムイオン勾配は神経系の信号伝達に利用されているし，水素イオン勾配はほとんどの細胞で ATP 産生の動力源となっている。

　力学的エネルギーは特殊な作業において用いられる。タンパク質は動的な機械であり，形状が異なると機能も異なる。この動きの一部は，私たちの腕や脚を動かす筋肉タンパク質の運動のように，巨視的なスケールにまで拡大されて，

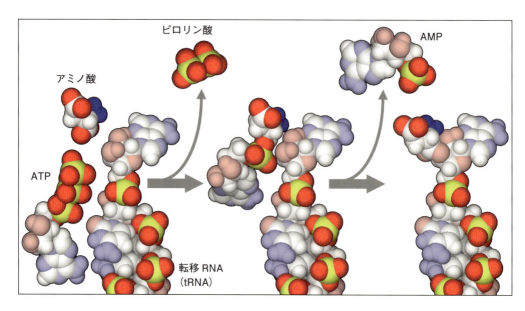
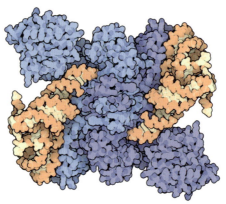

図3.8　ATPの使用例　ATPは，タンパク質合成の際にtRNAにアミノ酸を付加するなどの多くの反応を支援するのに用いられる。下は，アスパルチルtRNA合成酵素と，それに結合する2つのtRNA分子を示す。それぞれのtRNAの先端は酵素の活性部位へと深く結合し，そこでアミノ酸のアスパラギン酸が付加される。上に示すように，この反応は2段階で行われ，ATP分解のエネルギーによって駆動する。最初の段階では，ATPから2つのリン酸基が分離され，残った部分はアミノ酸に結合して活性化している。第二段階ではAMPが放出されるとともに，活性化したアミノ酸はtRNAに付加される。（上：20,000,000倍，下：5,000,000倍）

肉眼で見ることができる。しかし，ほとんどの動きはずっと微小である。例えば，リプレッサータンパク質は非常に小さな形態変化を利用してスイッチのオン・オフを行う。つまり，ある形態では DNA 二重らせんにぴったりと結合して遺伝子の読み取りを阻害するが，その形態がわずかに広がるように変化するとリプレッサータンパク質は DNA に結合できずに脱落してしまうので，遺伝子の読み取りが「オン」になる。

　これらの種類の異なるエネルギーは，分子機械のはたらきを通して互いに変換されることがある。例えば，モータータンパク質であるミオシンは ATP を分解して筋肉を動かしているが，これは化学的エネルギーから力学的運動への変換にあたる。バクテリオロドプシンは光を吸収して，そのエネルギーを水素イオンのポンプ輸送に用い，電気化学的な勾配をつくる。また，ATP 合成酵素タンパク質の場合は，電気化学エネルギーを物理的な回転に変換し，そのあと化学エネルギーへと変化させるので，3 つのエネルギー間の変換だと言える。さらに，植物が光によって ATP をつくる循環的光リン酸化反応は，これらすべてのエネルギーが総合的に組み合わされたプロセスである（図 3.9，3.10）。

保護と感知

　世界と相互作用していると，自身の体を周囲の環境から隔離し，守らなければならないが，それと同時に，環境の変化を感知し，それに対処する必要もある。現生生物は，これら 2 つの相反する要請をバランスよく満たすために，驚くほど多彩な種類の分子機械をつくりだした。ここに生命の中で最も多様なところを見ることができる。前節で述べたように，分子の構成とエネルギー産生の基本的な方法は，すべての生きている細胞で非常に類似している。しかし，生物は多様な環境に挑戦するために，それぞれの状況に応じた特殊な方法を発展させてきた。塩分を含む海水から細胞を守るのに用いられるしくみは，砂漠の熱や高山の薄い空気から身を守る方法とはまったく異なっている。生物は新しい分子機械の組み合わせによって，獲物を狙って泳ぐ能力や，捕食者から逃れる能力，あるいは食べられると単にひどい味がするといった機構を発達させた。

　すべての生物は，ある共通のモチーフを用いている。それは，脂質二重層によって細胞を包み込み，環境から隔離するための重要な境界を形成するというものである。脂質二重層は柔軟性をもった自律的な防護壁であり，ほとんどの分子を通過させない。細胞膜は分子機械を細胞内に保持し，危険な分子の侵入

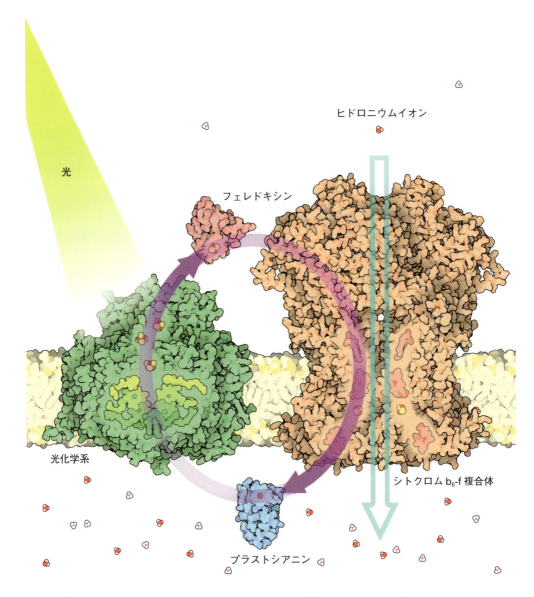

図 3.9 循環的光リン酸化反応 植物は ATP をつくるために光エネルギーを用いるが，これを行うには，数多くのエネルギー変換を行わなければならない。その過程は光の個々の光子を捕らえる光化学系タンパク質から始まり，その光エネルギーは高エネルギーの電子をつくるために用いられる。これらの電子はいくつかのタンパク質の中を流れ，光化学系に戻るまでに鉄イオンと銅イオンを次々と移動しながらエネルギーを失っていき，最後にシステム全体が元の状態に戻る。電子がシトクロム b_6-f 複合体の中を流れると，水素イオンは膜を介してポンプ輸送され，電気化学的な勾配をつくる。この勾配は最終的に ATP 合成酵素を駆動するのに用いられる。(5,000,000 倍)

保護と感知 47

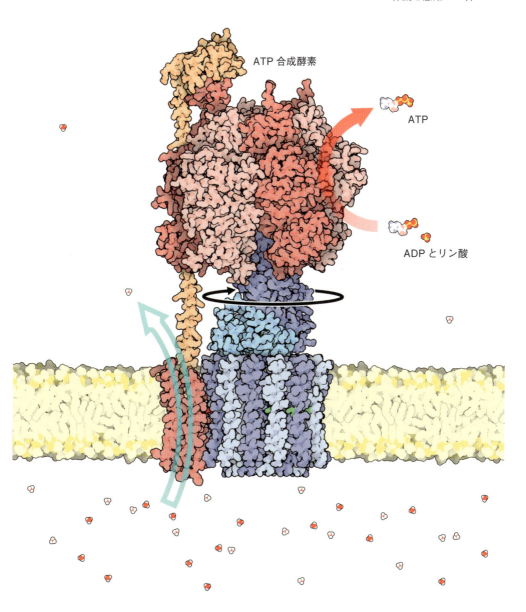

図 3.10 ATP合成酵素は電気化学エネルギーを化学エネルギーに変換する分子サイズの小さな発電機で，非対称の軸でつながった2つの回転モーターからなる。図の下部にある膜に埋め込まれたモーターを通った水素イオンの流れは，大きな円筒状の回転子を回す。これは軸につながっており，上にある第二のモーターを回す。それぞれの回転によって，軸は上のモーターのサブユニットをゆがめ，ATPの不安定なリン酸–リン酸結合を起こす反応を触媒する。（5,000,000倍）

を防ぐ。しかし，細胞を完全に密封するような膜は役に立たないだろう。ではいったい，どのようにして栄養分は細胞内に取り込まれるのだろうか？　この問題を，細胞は膜を貫通するタンパク質製のポンプを膜に埋め込むことで解決した（図3.11）。例えば，あるポンプはアミノ酸だけを細胞内に運び込み，他のポンプは尿素を排出する。また別の種類のポンプは，膜によって隔てられた細胞内外のナトリウムとカリウムの交換を行う。細胞はこれらのポンプを用いて細胞膜を介した物質輸送を巧妙に制御しており，栄養分は内部に取り込まれ，老廃物は外部に排出される。

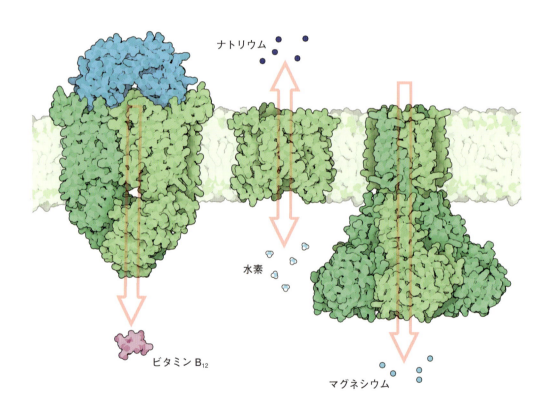

図3.11　細胞膜輸送　これら3つのタンパク質は大腸菌の細胞膜に数多く見られるポンプタンパク質の一部である。左は，スカベンジャータンパク質（青）によってビタミン B_{12} が集められ，さらにポンプタンパク質によって膜の反対側に輸送される様子を示している。中央は，水素イオンとナトリウムイオンをそれぞれ反対側に輸送するアンチポータ（対向輸送体）を示す。右は，細胞内にマグネシウムイオンを取り込むポンプタンパク質を示す。（5,000,000倍）

しかし，大きな視点で見ると脂質二重層はごく薄い膜にすぎないため，天候や捕食者に対して強固な防護壁となるようにもっと強化する必要がある。この問題を解決するために生物が進化において発展させた多様な工夫の跡を，私たちはあれこれ見ることができる。例えば，植物細胞は脂質二重層の外側に1枚の丈夫なセルロース製のシートを備えている。この多糖類でできた外皮は，植物が枯れた後かなりの時間が経過しても残るほど非常に丈夫であり，木材や紙として用いられる。一方，私たちの細胞（第5，6章にて解説）は，タンパク質でつくられた細胞内の「足場」を使って補強されている。この「足場タンパク質」は細胞膜内側の各点に付着し，細胞全体に張り巡らされたタンパク質線維の網目構造につながっている。また，細菌の場合（次章を参照）は，内膜と外膜の2枚の細胞膜をもち，この二重膜の間は頑丈な網状の糖タンパク質で固定されている。

多様性は，知覚と応答を担う分子機械においても同様に認められる。もちろん，生物の進化に環境が最大の影響を与えることを考えれば，このことは予想できるだろう。自然選択を通して，それぞれの動植物は，環境を感知し，探索し，おのおの生態学的地位にふさわしい場所で繁殖するように進化した。例えば，2つの遠い親戚——腸内細菌である大腸菌とその宿主である私たち自身——を比べてみよう。両者は生物の複雑さを表す尺度の両端に位置し，対照的である。すなわち，細菌は短期的な環境変化を感知して反応する最小限の能力しかもたないのに対し，私たちの体の大部分はこうした環境への応答という仕事にもっぱらあてられている。

大腸菌の運動と知覚は分子機械の5％未満によって行われており，大腸菌は最も単純な反応しかできない（次章で詳細を述べる）。これとは対照的に，私たちの体は，細かく系統だった知覚制御によって，特定の指向性をもった運動ができるようにつくられている。私たちの体の大部分は，感覚，反応，運動に向けられている。私たちの眼の網膜の細胞は光を感知するタンパク質オプシンがぎっしりと並んでおり，光は透明なタンパク質クリスタリンが詰まった水晶体細胞の層で集められる。皮膚細胞は非常に長いひも状のタンパク質ケラチンを紡いで体毛をつくるが，さらにその体毛のわずかな動きを感知する別の細胞もある。これらの感覚データは神経細胞によって伝達されて処理される。神経細胞の軸索は，電流をタンパク質によって伝達し，同心円状に巻き付いた脂質層によって絶縁することで伝える。運動の細かな制御は，石化した骨細胞の巨大な骨格を筋細胞が動かすことによって行われる。筋細胞は収縮だけを行う筋タンパク質で満たされており，これらすべては糖とタンパク質の頑丈な層からなる結合組織によって固められている。しかしながら，地球上の全生命に共通

する要素は依然としてこの多様性を通じて現れており，最も単純な細菌と，複雑な私たちの体とを結びつけている。そして，それぞれの用途に特有な分子機械のすべては，同じ4つの構成要素——タンパク質，核酸，脂質，多糖類——でつくられているのである。

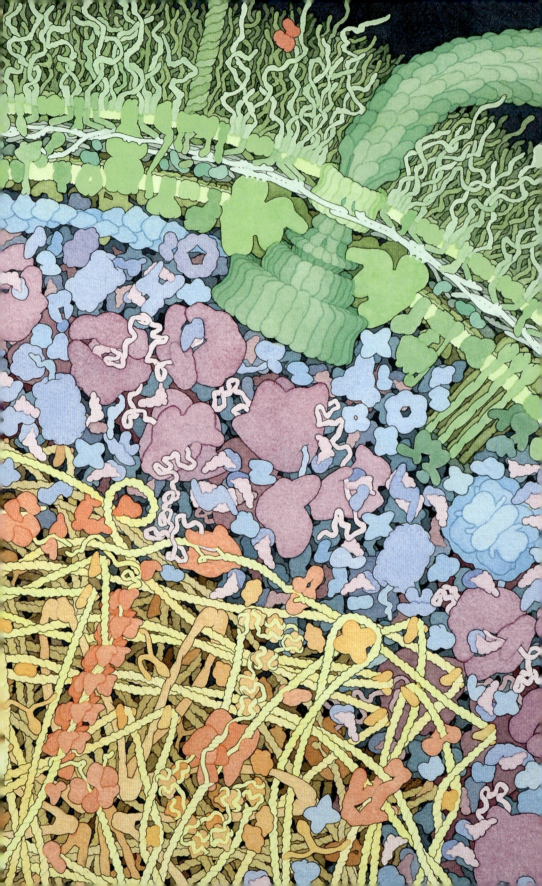

第4章
細胞の中の分子：
大腸菌

　細胞を見るなら，まず細菌を見るところから始めるのがいいだろう．細菌は小さく滑らかで，細胞1つで1つの生物として成り立っている．栄養源が十分あるときにはすばやく成長して繁殖し，環境が悪くなれば過酷な時期を切り抜けるために強力な手段を動員することができる．細菌は地球上で最も成功した生物であるという人もいる．細菌は凍った水から沸騰した温泉の中まで，ほとんどすべての場所で見ることのできる生物で，それぞれの生息場所で考えられるすべての食糧源を利用する方法を見つけて生きている．

　細菌を詳細に見るなら，大腸菌がおそらく最もよい選択肢だろう．大腸菌は，現在，科学的に最もよく研究された細胞生物で，テオドール・エッシェリヒが1885年に発見して以来，生化学研究の中心となってきた．これには，普遍的に入手できることや培養が容易であることに加え，まったくの偶然の発見がかかわっている．大腸菌の研究は，遺伝暗号，解糖やタンパク質合成の調節といった，生化学に大きな影響を与えた発見の多くで大きな役割を果たした．生命の基本的なプロセスに関する研究の多くは，大腸菌から精製されたタンパク質と変異タンパク質を産生する大腸菌株を用いて行われてきた．

　より最近になって，細胞全体を調べ，各部位がどのように協働しているのかを明らかにする試みが行われるようになった．大腸菌は全遺伝子配列が解読さ

◀───

図 4.1　細菌の内側　大腸菌を拡大して見ると，せわしなく動くところや，系統立って活動する様子を見ることができる．このイラストでは，各分子が見えるところまで拡大した細胞の一部を示す．ここにはタンパク質，核酸，多糖，脂質膜といった，大きな生体分子だけを示した．**図 4.3** に示すように，これらの隙間は，水，糖，ヌクレオチド，アミノ酸，金属イオンなどの多くの他の小さな分子で満たされている．（1,000,000 倍）

れた最初の生物の1つであり，現在では大腸菌の遺伝子全体（ゲノム）を調べることで，大腸菌がつくることのできるタンパク質すべての設計図を知ることができる。そのうえ，タンパク質や相互作用の網羅的な解析（プロテオームやインタラクトーム）が数多く行われ，細胞が産生するすべてのタンパク質に関する知識や，これらのタンパク質が相互作用する方法と環境の変化に伴う変化についての知見が蓄積されてきた。この情報を大腸菌がつくる多くの生体分子の原子構造と照らし合わせることによって，私たちはこのよく研究された細胞の完全な部品リストと仕様を手に入れる寸前のところまで来ている（図4.1, 4.2, 4.3）。

　典型的な大腸菌に最も多く含まれる成分は水であり，細胞の重さの約70%を占める。残りの30%には，タンパク質，核酸，イオン，その他すべての分子が含まれる。細胞には水がたくさん含まれるように思えるかもしれないが，実際には通常見慣れた液体の水よりもずっと粘り気がある。例えば，卵白は約90%が水，10%がタンパク質でできた粘り気のある混合物であることから，細胞ではこれよりもさらに粘っこい溶液であることが想像できる。ぎっしり詰まった分子は，形状も大きさもさまざまである。大腸菌のゲノムには4,300種以上のタンパク質鎖と，191種のRNA分子に関する遺伝情報が含まれている。これらは約1,250の酵素反応と255の輸送作業を行う。アミノ酸，ヌクレオチド，糖，その他多数の種類からなる約1,220種の小分子は，より大きな分子同士の隙間を循環する。この小さな細胞はにぎやかな場所なのだ！

防護壁

　大腸菌は多層の細胞壁によって囲まれている（図4.4）。細胞壁はさまざまな重要な役割を担うが，最も重要なことは，細胞内にある分子機械を環境の脅威から隔離するための防護壁になっていることである。細胞防衛の最前線となる最外層の膜（外膜）は，リポ多糖と呼ばれる特殊な脂質による脂質二重層でできており，これが細胞外面のほとんどを占めている。リポ多糖は，長く連なった多糖の一端に小さな脂質の束が結合した分子である。脂質はリポ多糖を膜に固定し，多糖鎖は周囲の液体に伸びて粘り気のある保護被膜を形成する。細菌が私たちの体内に侵入しようとするとき，私たちの免疫機構はこのリポ多糖を目印にして細菌を認識している。抗体がリポ多糖を認識し，感染と戦うための防衛体制を発動させているのである。

　ところが，外膜は物をまったく通さないというわけではない。これは大きな

防護壁 55

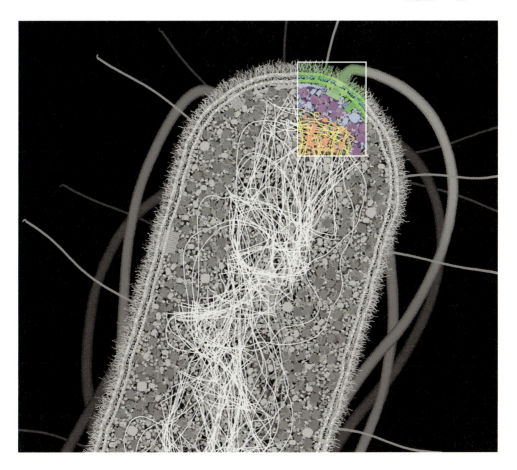

図 4.2　大腸菌　大腸菌細胞の全体構造は単純な概念に基づいているが，詳細を見ていくと非常に複雑である．各細胞は二層になった細胞壁で囲まれており，可溶性の構成要素はすべて細胞内部に収められている．長いらせん型の鞭毛は，膜に埋め込まれている鞭毛モーターによって回転する．またあらゆる角度に伸ばすことができ，細胞が休む場所を見つけたときに自身をつなぎ止める「いかり」としても使われる．細胞の内部は大きく 2 つの領域に分けることができる．1 つは大半のリボソームと酵素を含んだ可溶性の領域，もう 1 つは主としてもつれ合った DNA ゲノムが詰まっている核様体である．四角で囲んだ領域を拡大したものが前のイラスト（**図 4.1**）である．細胞の全体は**図 1.1** にも示した．（100,000 倍）

脅威を防ぐための粗いフィルターとなっており，食物分子のような小分子は容易に通過することができる．外膜にはポーリンタンパク質があり，膜に小さな穴をたくさんつくっている．これらの穴は，栄養分やイオンが通過するには十分に大きく，細胞内にあるさまざまな分子機械が外に出てしまうのを防ぐには十分に小さい．また，外膜には多くの線毛がついている．この細長いタンパク

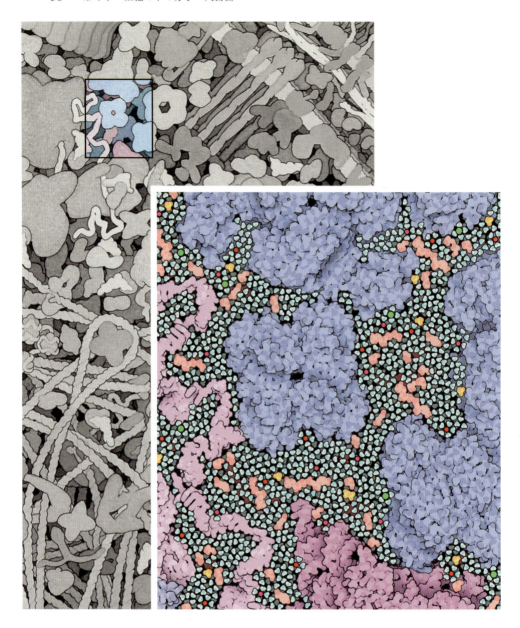

図 4.3　水と小さな分子　このイラストは細胞のごく一部を大きく拡大したもので, タンパク質と核酸の間により小さな分子が詰まっている様子を示している。アミノ酸, 糖, ATP, その他多くの小さな有機分子はピンクで示した。金属イオンは明赤色, リン酸イオンは黄とオレンジ, 塩化物イオンは緑で示した。青緑色に塗られた残りの空間はすべて水分子で満たされている。(5,000,000 倍)

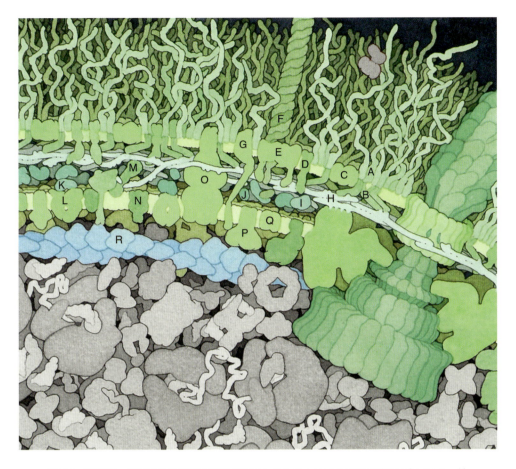

図 4.4　細胞壁　細胞壁は細胞膜周辺質で区切られた2つの同心円状の膜でできている。外膜の分子にはリポ多糖（A），リポタンパク質（B），ポーリン（C），OmpA（D），線毛アッシャータンパク質（E），線毛（F），鉄輸送タンパク質のFhnA（G）がある。細胞膜周辺質はペプチドグリカンによる支持層（H）だけではなく，β-ラクタマーゼ（I）やスーパーオキシドジスムターゼ（J）といった小さな防衛酵素も多数存在する。内膜には，ビタミンB_{12}輸送体（L）のような輸送体に栄養を届ける一連のペリプラズム結合タンパク質（K）も見られる。またここには，ペプチドグリカンでできた被膜をつくる酵素（M），機械感覚性チャネル（N），多剤耐性輸送体（O），マグネシウム輸送体のようなイオン輸送体（P），Na^+/H^+交換輸送体（Q）といった，気が遠くなるほど多種多様な分子によるしくみが存在する。驚くべきことに，細菌の細胞壁はアクチン様タンパク質のMreB（R）のような，単純な細胞骨格で支えられることが多い。

質複合体は，外膜にある特別なゲートウェータンパク質によって少しずつ押し出される。線毛の末端には粘着性があって，細菌が休むのによい場所を見つけると，線毛をその場所にくっつける。ある特定の菌株がつくる線毛のタイプは重要で，病原菌の線毛はヒト細胞に付着して免疫系細胞による攻撃に耐えられるようにしている。

　細胞壁の外膜と内膜との間にはペリプラズム（周辺質）と呼ばれる空間があり，細胞を細長い形状に保つための主要な支持構造体がここにある。それは多糖とタンパク質が架橋結合して網状になったペプチドグリカンの頑丈な層からなり，外膜のすぐ内側に形成されている。この網状の袋は細胞全体を包み，強度を高めて構造を支えている。ペプチドグリカンの殻は数種類のタンパク質によって外膜に固定される。このはたらきをするタンパク質には，脂質に小さなタンパク質がつながった小型のリポタンパク質や，埋め込まれた外膜から内側に伸びてペプチドグリカン鎖をつかむ OmpA がある。ペプチドグリカン層によってもたらされる支持体は不可欠なもので，細胞のアキレス腱とも言えよう。ペニシリンなどの重要な抗生物質の多くは，ペプチドグリカン層をつくる酵素を攻撃することで細菌細胞を殺す。細菌をペニシリンで処理すると形状を保てなくなり，最終的には浸透圧によって破裂する。

　2つの膜の間にあるペリプラズムには，ペプチドグリカンのほかに，小さなタンパク質が多数漂っている。これらのタンパク質は細胞に取り込む分子を最初に捕え，この場所で適切な処理を行う。最も多いのは，糖やアミノ酸など特定の栄養分を集めて内膜まで届け，細胞内に輸送できるようにするものである。ペリプラズムにも，食物分子の消化の続きを行う酵素が存在し，細胞内に輸送できるようにより細かく切断する。また，ペリプラズムには有毒化合物の毒性を取り除き，それ以上被害が広がらないようにする防御酵素も存在する。そのような酵素として活性酸素を分解するスーパーオキシドジスムターゼやペニシリンなどの薬剤を壊す β-ラクタマーゼがある。

　内膜（細胞膜とも呼ばれる）には，輸送・感知・エネルギー産生のほか，さまざまな仕事を担うタンパク質がたくさん埋め込まれている。内膜は細胞壁の選択的フィルターとして作用し，細胞の保護壁の役割の一部を担っている。外膜とは異なり，内膜は密封された構造をしており，分子は自由に横切ることができない。その代わり，内膜には望ましい分子を見つけて，必要に応じて細胞内外に輸送するための選択的ポンプタンパク質が数多くある。カルシウムポンプと同じく，これらの一部はこうした荷物を運ぶのに ATP から得られるエネルギーを必要とする。

　細胞膜にも一般的な脅威と戦うためのいくつかの防護装置がある。細胞壁の

全層を貫く大きな多剤耐性輸送タンパク質は，薬剤や毒物など細胞にとって有毒な分子を集めて細胞外へと排出する。機械的な刺激に反応する小さなタンパク質の1つである McsL は細胞膜の張力を感知する。細胞の内圧が高くなりすぎると，このタンパク質はユリの花のように開いて一時的に圧力を下げる。

新しいタンパク質の構築

大腸菌がもつ分子のうち半分以上は，何らかのかたちでタンパク質合成にかかわっている（図 4.5）。典型的な成長中の細胞では，5,000 個の RNA ポリメラーゼ酵素が活発に DNA から RNA への転写を行っている。転写が終わる前から，少なくとも 20,000 個のリボソームが RNA 鎖からタンパク質を合成し始める。20 種類の tRNA 分子は，伸長する鎖に付加するアミノ酸をリボソームに届ける仕事を繰り返し行う。20 種類のアミノアシル tRNA 合成酵素は，アミノ酸を届け終えた tRNA 分子に新たなアミノ酸を付加する。タンパク質合成の過程は多数のタンパク質因子によって始まり，合成の各段階が進められ，合成が終われば新しいタンパク質鎖が切り出される。そして，シャペロニンタンパク質はタンパク質の折りたたみを支える。最終的に，細胞で必要がなくなったタンパク質は，ClpA のようなプロテアソーム様分子によって破壊される。タンパク質ができてから廃棄されるまでの段階すべてが，細胞の分子機械によって慎重に制御されている。

大腸菌の場合，多少の例外を除いて，タンパク質をつくるための情報は，直径約 0.5mm，4,720,000 の塩基対からなる1つの大きな環状 DNA に収められている。また，プラスミドと呼ばれる小さな環状 DNA には，タンパク質 2, 3 個の情報だけが収められている。プラスミドは細菌間で簡単にやりとりされるもので，重要な遺伝子を共有するために用いられる。例えば，抗生物質を攻撃するタンパク質の情報がしばしばプラスミドに収められている。細菌から細菌へとプラスミドを移動させていくことで，細菌集団の中に抗生物質に対する耐性を広めることができる。プラスミドはバイオテクノロジーにおいても非常に役立っており，遺伝子工学が完全に産業として成立するようになったのもプラスミドのおかげである。

細菌を顕微鏡で見ると，中心部分に核様体と呼ばれるリボソームのない部位のあることがわかる。核様体に詰め込まれた DNA 鎖はふるいのように作用して，大きな分子を排除している。ここでは多くのことが起こっている（図 4.6）。まず，0.5mm の環状 DNA をその大きさの 100 分の 1 よりも小さい空間

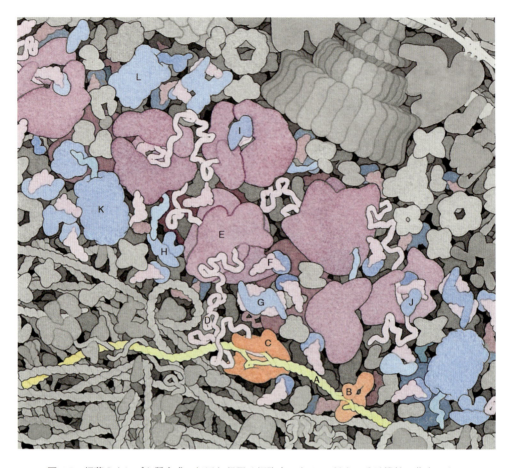

図4.5 細菌のタンパク質合成 転写と翻訳は細胞内にある50以上の分子機械の集合によって行われる。ゲノム情報は大きな環状DNA（A）に保存される。DNAトポイソメラーゼ（B）は，RNAポリメラーゼ（C）がDNAを巻き戻して，mRNA（D）をつくることを助ける。そして，リボソーム（E）はtRNA（F）により運ばれるアミノ酸の材料を使い，RNA鎖の情報に基づいてタンパク質をつくる。アミノアシルtRNA合成酵素（G）は正しいアミノ酸をtRNAに付着させ，全体の工程は伸長因子TuとTs（H）とG（I）によって導かれる。開始因子（J）は，最初のtRNAをもち込んで，リボソームの2つのサブユニットに結合させることで，全体の工程を開始させる。最終的に，シャペロニン（K）は新しいタンパク質の折りたたみを助け，プロテアソームClpA（L）は不要なタンパク質を破壊する。

に詰め込まなくてはならないという解決すべき物理的な問題がある。HU, fis, H-NS, LRPなどのいくつかのDNAの詰め込みを行うタンパク質が，この過程を押し進める。これらはDNAを曲げたり，隣接した2つの鎖を結びつけたり，堅い小さな束にまとめたりする。しかし，これらのタンパク質はDNAの情報が読み出されるために，DNAから簡単に離れる。

新しいタンパク質の構築　61

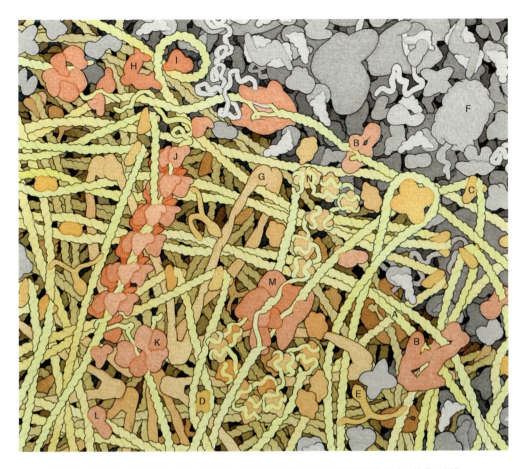

図 4.6　核様体　核様体のタンパク質は，DNA に保存される遺伝情報を保護，修復，制御，複製する。大きな環状 DNA（A）の結節とねじれは，DNA トポイソメラーゼ（B）と HU（C），Fis（D），H-NS（E），LRP（F），SMC（G）といった細胞の小さな空間に DNA を収めるのを助けるタンパク質により解決する。DNA の情報は，ラクトースリプレッサー（H）のような抑制因子とカタボライト活性化タンパク質（I）のような活性化因子のそれぞれ反対のはたらきによって制御される。DNA の切断は RecA（J）と RecBC（K）のようなタンパク質によって修復され，局所のエラーは MutM（L）のような酵素によって修正される。DNA ポリメラーゼ（M）は 1 本鎖 DNA 結合タンパク質（N）の若干の助けのもと，DNA の新しい複製体をつくる。

　DNA 鎖のもつれも，いくつかのトポロジー的な問題を起こす。RNA ポリメラーゼによる巻きと巻き戻しにより不都合なねじれを生じることがあるが，細胞が分裂するときには，このもつれ合った DNA の環は切り離さなければならない。この問題を解決するのが DNA トポイソメラーゼである。この酵素は DNA 二重らせんを慎重に切断して，ねじれを緩めたり鎖が互いを通り抜けた

りできるようにし，その作業が終わると DNA を再び正確につなぎ合わせる．

細胞は，各遺伝子がいつどこで使用されるかについても制御しなければならない．DNA ゲノムに含まれている情報は高度に制御されている．多数の抑制因子と活性化因子が各遺伝子と相互作用し，遺伝子がタンパク質をつくるタイミングを決定している．例えば，lac リプレッサーはラクトースの代謝で用いられる 4 つのタンパク質をコードする DNA 領域の先頭に結合する．lac リプレッサーはラクトースが不足しているときに DNA に結合して遺伝子の発現を抑制する．しかし，ラクトースが利用できるようになると，ラクトースが lac リプレッサーの形を変化させ，lac リプレッサーは DNA から離れる．すると遺伝子の転写が行われ，細胞はラクトースの利用に必要なタンパク質をつくるようになる．

細菌はゲノムに損傷が生じていないかを監視していて，損傷が見つかればすみやかに修復する．このしくみには多くの機構がはたらいている．最も簡単な防衛手段は，損傷した塩基を探す単一の酵素である．例えば，MutM タンパク質は損傷したグアニン塩基を探し出して除去し，ゲノム中に突然変異が生じないようにしている．また細胞は，より大きな損傷を修復できる強力な方法をもっている．その 1 つが RecABC 系によって行われる機構である．このしくみでは壊れた DNA を損傷のない鎖と適合させることによって，DNA の損傷を修復することができる（詳細は第 7 章で述べる）．もちろん，これには修復のための鋳型として損傷のない鎖が必要である．幸い，通常の大腸菌は常に DNA を複製しているため，環状 DNA の複製がいくつか存在する．

複製は環状 DNA 上の特定の部位から始まるが，複製には 2 つの DNA ポリメラーゼ分子がかかわる．これら 2 つの分子はそれぞれ逆の方向に向かって同時に DNA を複製し始め，複製開始点の反対側で複製を終える．大腸菌の DNA 複製は非常に効率的である．DNA ポリメラーゼは毎秒約 800 個の新しいヌクレオチドを加えることができ，環状 DNA 全体は約 50 分で複製される．ところが急速に増殖する大腸菌の培養においては，細胞は 30 分ごとに分裂する．これは，細胞が分裂するまでに，DNA に含まれるゲノムをすべて複製するだけの十分な時間がないことを意味する．大腸菌は，この問題を 1 つ前の分裂が終わる前に，新しい DNA の複製を開始することで解決している．DNA の複製が完了して 2 つの環が離れたとき，新しい環ではすでに次の複製が進行している．細菌細胞は実によく環境に適応しているのである！

細胞の動力

大腸菌がもつ分子の約4分の1はエネルギーをつくる仕事にかかわる（図4.7）。通常，大腸菌は私たちの腸内で生きているため，エネルギーは簡単に手に入る。私たちが食べる食物を単に消化すればいいのである。しかし，条件のよくない環境で生きる細菌もいて，その場合は温泉中の硫黄化合物を酸化するなど，通常は使われないようなものも含め，あらゆる種類のエネルギー源を利用せざるをえない。一方，一般的な大腸菌はのんきに暮らしている。私たちは

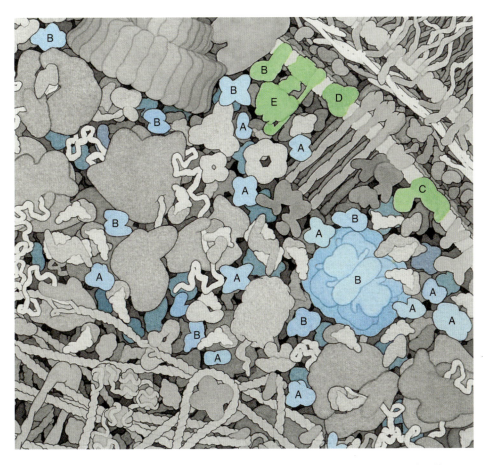

図4.7 エネルギー産生 内膜や細胞質には，食物からエネルギーを得るための酵素が散らばっている。これらには解糖系（A）とクエン酸回路（B）の酵素が含まれる。NADH脱水素酵素複合体（C），ユビキノール酸化酵素（D），ATP合成酵素（E）を含むこれらの分子のいくつかは，細胞膜内部での水素イオン勾配の産生やその利用に関係している。

彼らに直接食物を届けているのだ。

　エネルギーをつくる最初の段階は細胞外で起こる。そのために消化酵素が細胞から周囲の空間に分泌され，食物は細胞内へと輸送できる大きさに分解される。そしてここから本格的な作業が始まる。大腸菌はあらゆる種類の酵素を駆使して食物分子を分解し，それによって得られるエネルギーを使ってATPや電気化学的な勾配をつくり出す。エネルギー源として使える食物分子によって異なる酵素が使われる。ブドウ糖代謝を専門とするものもあれば，アミノ酸，脂肪を対象とするものもある。これらの酵素は必要に応じて動員される。例えば，細胞がアスパラギン酸の豊富なところに行きあたると，アスパラギン酸の消化に必要な酵素をつくる。

　酸素が利用できる環境下であれば，大腸菌も私たちがエネルギーをつくるときに使う中心的なしくみとよく似た多段階システムを利用する。このシステムはブドウ糖を取り込んで2つの分子に分解する解糖から始まる。解糖には10種類の酵素が関与し，細胞で行われるほかの化学的変換と同じく，多くの段階を経て反応が行われる。この各段階は慎重な制御のもとで実行されているが，そのうち2つの段階はとりわけ強力で，これを使って2分子のATPがつくりだされる。多くの生物はこの時点でATPづくりを止め，できたATPはエネルギーとして利用し，生成物の一部をアルコールとして捨てる（こうして酵母からワインやビールのアルコールがつくられる）。

　一方，私たちの細胞や大腸菌は，食物分子からさらにエネルギーを搾り取るため，追加の処理を行う。解糖でできた断片はクエン酸回路によって二酸化炭素になるまで完全に分解される。クエン酸回路も解糖と同じく，一続きの化学反応で構成されていて，それぞれが専用の酵素によって制御されている。分子が分解されるにつれて，高エネルギーの電子が電子輸送分子に捕らえられていく。この電子が私たちの代謝エネルギー源のほとんどを占めている。

　この電子は，呼吸と呼ばれる最終段階で，細胞膜中にある巨大なNADH脱水素酵素複合体のような一連のタンパク質群を流れていく。そして最後に，ユビキノール酸化酵素によって酸素分子にわたされ，電子を受けとった酸素分子は水素イオンの助けを借りて水に変換される。この電子の流れはエネルギー的に非常に強力で，水素イオンを細胞膜の反対側に汲み出すプロトンポンプタンパク質の動力源になっている。大きな電気化学的な勾配を生み出すこの過程は，ほかにも多くの有用な仕事に用いられている。例えば，鞭毛を回す巨大なモーターにも用いられているが，ここではATP合成酵素にも動力を供給し，これが1回転するごとに3分子のATPがつくられる。

細胞のプロペラ

　大腸菌はサイズが小さいため，環境と相互作用する方法は私たちの場合とは随分違ってくる。大腸菌が重力から受ける影響は，私たちが生活するうえで受ける影響に比べると小さい。むしろ，まわりを取り囲む水から常に圧迫を受けていることのほうがはるかに重要となる。小さな尺度で水を見ると，私たちの世界で目にするような流れる液体ではないのだ。水の表面張力はなじみのある例だろう。小さな昆虫であれば池の表面でスケートをすることができるが，私たちが試すと重い体重による重力が水の弱い力に打ち勝って水底に沈んでしまう。細胞においては，こうした違いはさらに大きくなる。細胞はどろどろした粘着性のある水の世界に住んでいて，重力の影響はほとんど受けていない。あちこち移動するとき，エネルギーのほとんどは地面から体重をもち上げるためではなく，粘り気のある液体の中を進むために使われる。

　例えば，E. M. パーセルは，1976年の講演「低レイノルズ数における生命」で驚くべき見解を示した。大腸菌は長いらせん状の鞭毛をプロペラのように使って泳ぐ。大腸菌は水を押し分けて進み，通常は毎秒 $30\,\mu\mathrm{m}$（細胞の長さの10～15倍）程度の速さで移動する。しかし，大腸菌が鞭毛の動きを止めると，周囲の水の抵抗によって大腸菌の動きはただちに停止してしまう。船や潜水艦のように惰性で進み続けることはないのだ。

　鞭毛モーターは生体分子の世界における驚異の1つである（図 4.8）。モーターは細胞壁外膜，細胞壁，細胞壁内膜を貫いて膜に埋め込まれており，1分間に最高 18,000 回転の速度で回転する。回転の動力は内膜を横断する水素イオンの流れによって供給されており，1回転あたり約 1,000 個の水素イオンが移動している。驚くべきことに，このモーターは必要に応じて時計回り，反時計回り，いずれの方向にも鞭毛を回転させることができる。ある方向に回転すると，細胞上のすべての鞭毛がそろって束となり，周囲の水をかきわけて細胞を進ませる。ところが，モーターの回転方向を反転させると，鞭毛は分かれてバラバラになり，細胞は一定方向に進むのを止め，その場でくるくる回る。

　細菌は進行方向の制御に関して深刻な問題に直面している。なぜなら細菌は小さすぎて，正しい方向を目指す方法がないのだ。細菌は少し離れて見ることができないので，どの方向に食物があるのかがわからない。その代わり，大腸菌は鞭毛の泳ぐ特性と回転する特性を効果的に組み合わせて使う。大腸菌の細胞はいくつもの感知器を使って，すぐ近くにある食物の量を測定する。そして，ランダムな方向に泳いで栄養分の濃度を測定し続ける。濃度が高くなってくれ

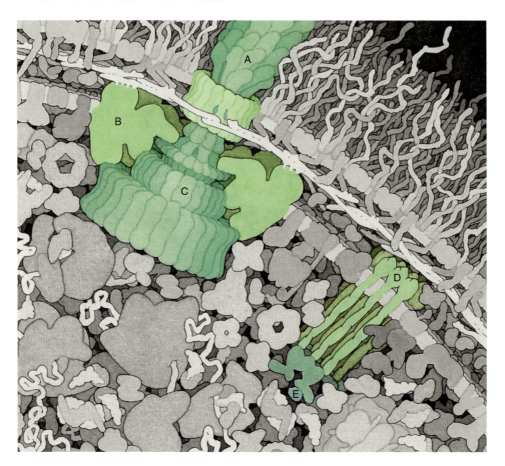

図 4.8　鞭毛モーター　長いらせん状の形をした鞭毛（A）はモータータンパク質（B）と大きな円筒状のローター（C）で構成される複雑な鞭毛モーターによって回転する。モーターは，栄養分の濃度を測定するアスパラギン酸受容体（D）のようなセンサータンパク質によって制御される。行動を起こす必要があるときに，CheY（E）のような可溶性タンパク質がモーターに信号を届ける。

ば，状況は好転していることを意味するので，その方向に向かって泳ぎ続ける。そうでなければ，感知器から鞭毛モーターに方向転換するよう信号が送られる。こうして細菌は進む方向を変え，新たな方向に向かって（それがよりよい環境のある方向であることを願って）泳いでいく。栄養分や水分が豊富にある私たちの腸内では，こうしたほぼランダムな方法が細菌に栄養を供給し続けるのに適している。

分子戦争

　大腸菌をはじめ数百種類の細菌が私たちの腸内に住んでいるが，私たちと調和しながら生きており，まったく問題は起こさない。長年にわたる進化の過程で，私たちは細菌たちと巧妙な休戦交渉を続けてきた。細菌は，温かく保護された場所を手に入れ，そこで安定した食物の供給を受けて生活し繁殖する。その代わり，私たちは，ビタミンKやビタミンB_{12}といった重要なビタミンを細菌から得る。これらの分子は，私たちの生命にとって不可欠だが，私たちの細胞では合成できない。細菌はまた，ベジタリアンの食事に用いられる消化しづらい炭水化物のような，とりわけ弾力性に富む食物分子の消化も助けてくれる。ほとんどの場合，これらの細菌と私たちとの関係は友好的で，互いに何かしら得るものがある。私たちの一般的な腸内細菌の数は，私たちヒトの体を構成する全細胞数の約10倍にのぼることを考えれば，友好的なのはよいことである。

　ご想像の通り，腸内は申し分のないほど快適な環境というわけではない。細菌は消化酵素や抗体の攻撃から身を守り，消化器系から一掃され排出されてしまうことを防がなくてはならない。そこで，自身を多糖類でできた粘り気のある被膜で囲い，バイオフィルムと呼ばれる菌膜を形成することでこの問題を解決している。バイオフィルムは，細菌を適所に定着させ，私たちの酵素と抗体から受ける攻撃に抵抗する。細菌は自身を壁に固定する長い線毛と接着性のタンパク質もつくる。無害な細菌がこうした被膜をつくっていることは，腸内で健全な細菌群を保持することの大きな利点かもしれない。バイオフィルムが利用可能な空間をすべて占拠し，病原菌の付着を防ぐことで，より危険な菌種による感染から私たちを守ることに役立っている。

　通常，これらの細菌はまったく無害であるばかりか有益でさえあるが，本来存在すべきでない場所に侵入すると，問題になることがある。例えば腸に損傷があると，細菌は腸の内層を通り抜け，体の他の部分へ足を踏み入れることがある。これに対して私たちの体は厳重な防衛策をもっており，こうした感染と戦う準備ができている。私たちの血液は，細菌を認識して，免疫機構によって破壊する対象を見きわめる抗体で満たされている。また，血液中にはタンパク質からなる防御系（第6章で詳細を述べる補体系）も存在するが，これは細菌を見つけて細菌の細胞壁に刺し穴を空けて殺す。

　大腸菌は時々，毒性分子の遺伝子を取り込んで病原菌に変わることがある。旅行者が起こす下痢症は，大腸菌が主因の1つである。旅行者の体になじみの

ない海外の細菌株がこれを引き起こしている。一部の細菌株は細胞を直接攻撃する毒素を産生する（第9章でさらに詳しく説明する）。こうした細菌の多くは加熱調理によって死滅するため，食物をしっかりと調理すれば，細菌に汚染された肉や農産物による食中毒の可能性を減らすことができる。

　幸いにも，私たちにはこうした悪い細菌を攻撃する強力な薬剤がある。これらの薬剤は，細菌由来の異質分子を攻撃し，細菌には不可欠な過程を阻害する。例えば，ペニシリンはペプチドグリカンからなる細胞壁をつくる酵素の1つを阻害する。これにより細菌はひどく弱ってしまう。しかし，細菌はこれに対して反撃する方法を進化させた。薬剤耐性株はペニシリンを分解する酵素を産生することにより，ペニシリンからの攻撃から細菌を守る。このように，私たちが新しい抗菌薬を開発すれば細菌が回避する方法を見つけ出すため，人類と細菌との間の生物学的戦争はどこまでもエスカレートする。

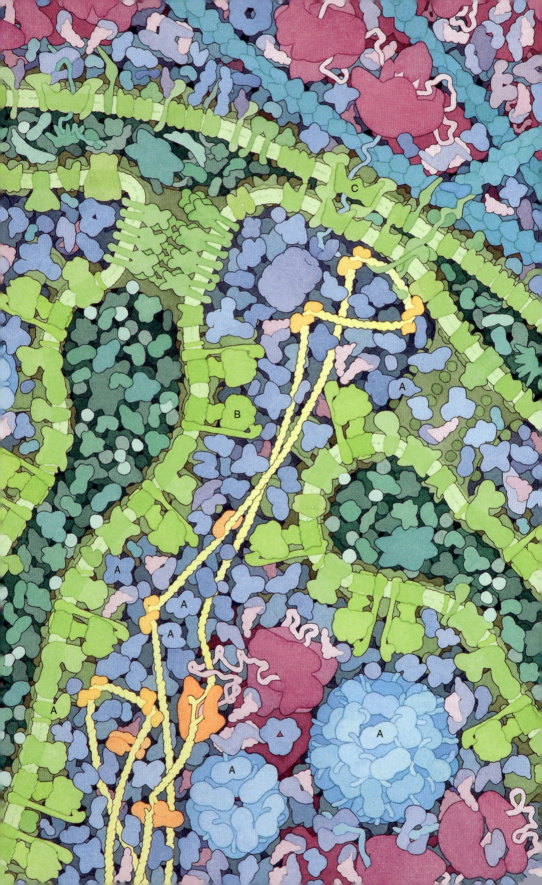

第5章
ヒトの細胞：
区画化の利点

　人体は何兆もの細胞から構成されている。細菌の細胞と同じように，ゲノム情報に基づいてタンパク質をつくるために，私たちの各細胞にも DNA，ポリメラーゼ，リボソームが含まれる（ただし，例外的な細胞もある）。各細胞は成長とエネルギー産生に必要な多くの分子をつくったり，壊したりする酵素を有し，チャネル，ポンプ，センサーなどを備えた丈夫な細胞膜によって包まれている。しかし，私たちの細胞は細菌のものよりもずっと大きく，はるかに複雑である。細菌はすばやく効率的に再構成できるようにつくられているのに対し，私たちの細胞はそれぞれ特定の複雑な仕事を遂行できるように，しかも同じ仕事を何年も持続して行えるようにつくられている。

　科学者たちは細菌と動物細胞の類似点と相違点を調べることで，およそ15億年前に生命の進化に大きな変革が起こったことを明らかにした。単純な細菌様の微生物は，少なくとも20億年前にはすでに出現しており，その時点で生

図 5.1　細胞内区画　単純な細菌とは異なり，私たちの細胞はそれぞれの仕事を行うための区画に小さく区切られている。ミトコンドリア（ここでは断面図を示す）の主な仕事はATP 合成を行うことである。クエン酸回路の酵素群（A）はミトコンドリアの最も内側の空間に存在し，ひだ状に折り込まれた内膜は，膜の内外に電気化学的な勾配をつくり，ATP 合成酵素（B）を駆動する。この内膜は人体において最もタンパク質密度の高い膜の1つであるとされており，膜のおよそ4分の3はタンパク質で，残りは膜を保持するのに必要な最低限の脂質からなる。このイラストを大腸菌のイラスト（**図 4.1**）と比較し，ミトコンドリアも大腸菌と同様に，DNA，RNA，リボソームなど，タンパク質合成用の道具一式を備えていることに注目すること。ただし，ミトコンドリアは自身のタンパク質をすべて合成するわけではなく，むしろ大部分のタンパク質は宿主細胞の細胞質で合成され，外膜と内膜にある専用の輸送タンパク質（C）を通してミトコンドリア内に取り込まれる。（1,000,000 倍）

命の基本的な分子機械はほとんど完成していた．その後，新しくデザインされた生物が現れた．これらは，大きなサイズの細胞をもち，細胞内部は小さく区切られた多くのコンパートメント（区画）からなり，それぞれの区画は防水性の膜で囲まれている．このような新しい微生物が繁栄したことは，細胞の進化において大きな変革があったことを意味し，それ以降，明確に異なった２つの系統群が進化した．１つは，区切りのない細胞内にすべての分子種が混在する単純な微生物であり，真正細菌（バクテリア）や古細菌（アーキア）の系統にあたる．もう１つは，新しいタイプの区画化された大きな細胞をもつ系統であり，原生生物，真菌，植物，動物など，残りのもの全部が含まれる．

　驚くべきことに，顕微鏡で見るとこれらの区画のうち，ある種のものは，まるごとの細菌そのものに類似しているように見える．私たちの各細胞内にあるミトコンドリア（**図 5.1**）は大腸菌に似た形状，大きさ，構成をもつ．例えば，ミトコンドリアは二重の膜によって囲まれている．外膜には細菌のポーリンに似た膜タンパク質がたくさん埋め込まれている．ミトコンドリア内にひだ状に折り重なった内膜は，細菌のタンパク質と類似した輸送タンパク質とエネルギー産出のための膜タンパク質で満たされている．さらに驚くべきことに，ミトコンドリア内にはミトコンドリア独自の DNA，tRNA，リボソームがあり，それらすべてがミトコンドリアのタンパク質をせっせとつくっている．これらの注目すべき共通性に基づいて，現在広く受け入れられているミトコンドリア（と葉緑体）の起源に関する理論が提唱された．それは遠い昔，細菌が別の細胞の中に寄生したか，あるいは食べられそこなって生き残った，という考え方である．寄生者はこの快適で保護された環境に住みつき，宿主細胞の中で繁殖するようになった．飲み込まれた細胞と宿主の細胞は，次第に互いに依存し合うようになり，生きるための仕事を分担した．現在でもミトコンドリアは私たちの細胞の中で分裂し，増殖を続けているが，重要なタンパク質や栄養分の多くは宿主細胞から供給されており，宿主細胞に依存している．

　私たちの細胞は何百もの区画に分割されている．これらの区画は，細胞の活動において大きな利点となっている．すなわち，区画化により異なるレベルで生命現象の基本過程を制御することが可能になる．タンパク質合成やエネルギー産生といった個々の仕事は，限られた小さい空間内で，細菌と同等の高い効率で処理される．一方，新しく追加された指向性をもつ輸送機構によって，種々の分子をあちこちに任意に運ぶことができる．また，刻一刻と起こる過程の直接的な制御や，より洗練された知覚や防御の機構を備えることにより，さらに大型の細胞も実現できる．以下に示す一連のイラストで，ヒト細胞を通る短い見学ツアーに出かけ，細胞の中のいろいろな区画を探検していく．

ヒトの細胞：区画化の利点　73

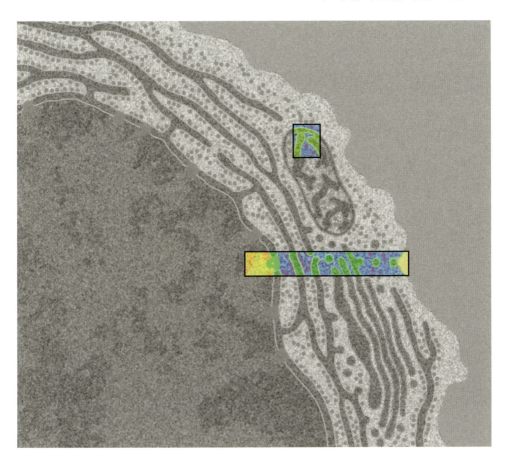

図5.2　ヒト細胞の見学ツアー　この図は典型的なヒト細胞の1つである血液中のB細胞である。四角で囲まれた領域を拡大して，その詳細を次ページ以降に示す。これはもっぱら抗体タンパク質の産生のみを行っている細胞であり，この見学ツアーでは抗体の合成と抗体が細胞から分泌される様子を見ていく。見学ツアーは遺伝情報が保存された細胞核から始まり，小胞体のタンパク質合成施設に進んだのち，選別を行うゴルジ体へと移動して，最終的には細胞質を通って細胞表面に達する。上の四角で囲んだ領域は，**図5.1**で示したミトコンドリアの一部分に相当する。(10,000倍)

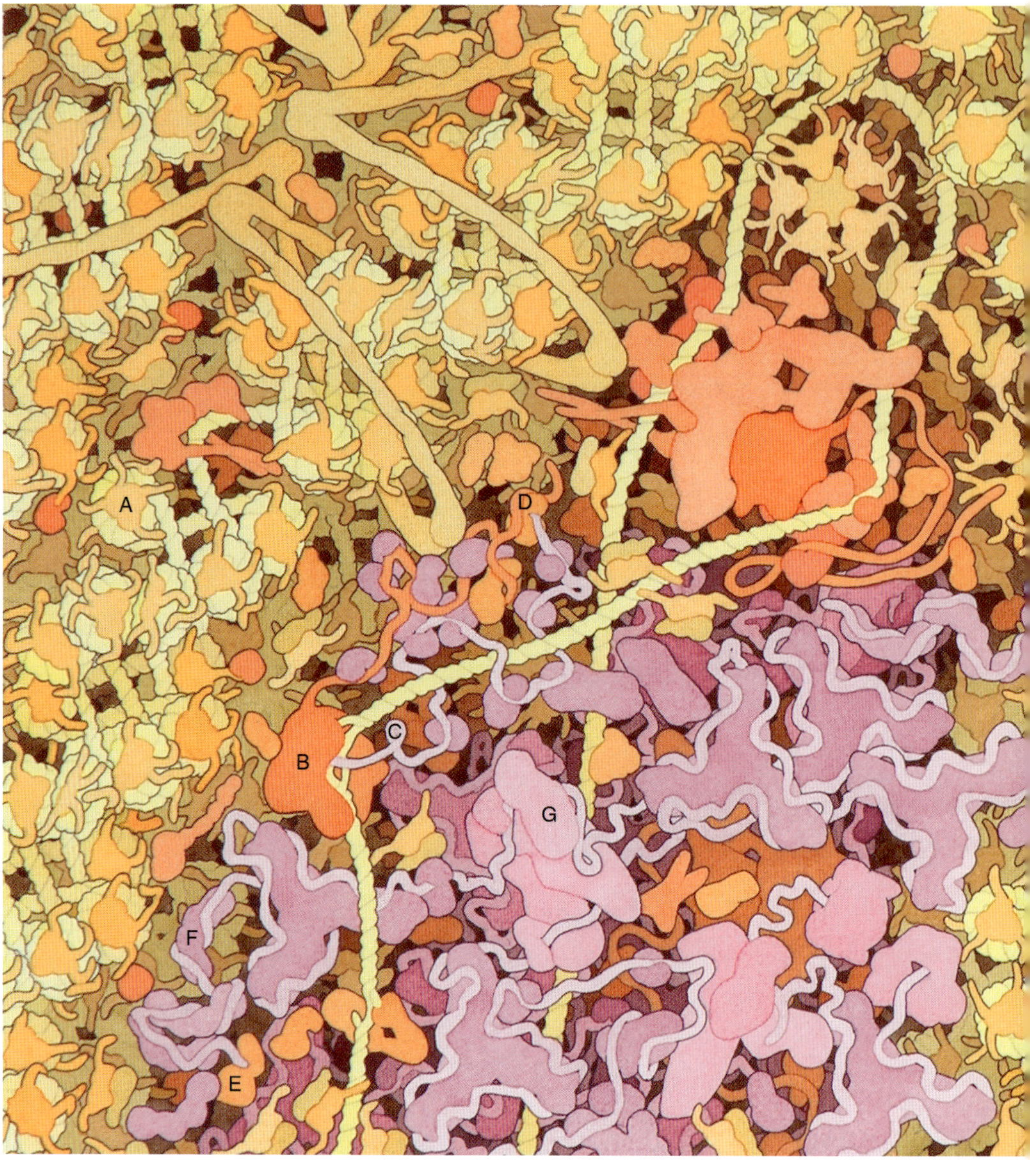

図 5.3　核　細胞核は細胞内の図書館であり，傷つきやすい DNA 鎖を貯蔵し，細胞質の厳しい環境から守る。DNA の多くはヒストンタンパク質に巻き付き，小さなヌクレオソーム（A）を形成する。それによって DNA はコンパクトに密集し，保護される。DNA の情報が必要になると，DNA はヌクレオソームからほどき戻され，DNA 上の情報は RNA ポリメラーゼ（B）によって読み取られて，それに伴って mRNA（C）が合成される。その後，mRNA は以下の処理を受ける。キャップ形成酵素（D）が mRNA の一端を保護し，ポリアデニル酸ポリメラーゼ（E）が反対の末端にアデニンヌクレオチドの反復する配列を加える。

ヒトの細胞：区画化の利点 75

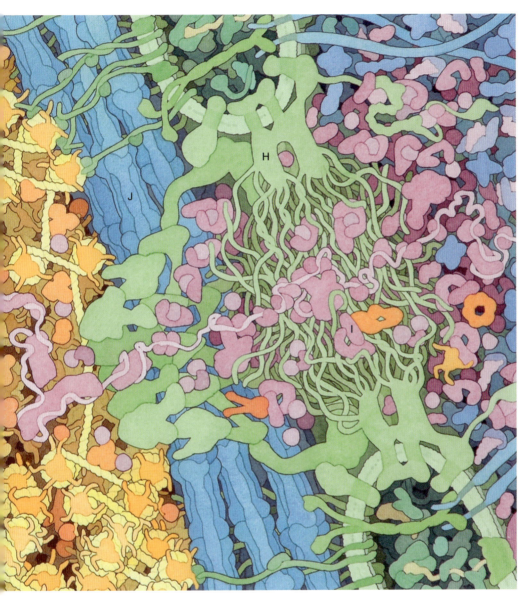

この末端はポリアデニル酸結合タンパク質（F）によって保護される。さらに，mRNA はスプライソソーム複合体（G）による編集を受け，タンパク質をコードしていないイントロン領域が除去される。編集後の成熟 mRNA は，核膜孔複合体（H）を通過して核から細胞質へと運び出される。核膜孔は核の二重膜を貫通する穴であり，インポーチンタンパク質（I）によって核を出入りするさまざまな分子の運搬を制御する。核膜はラミンタンパク質フィラメントの層（J）によって裏打ちされ補強されている。（1,000,000 倍）

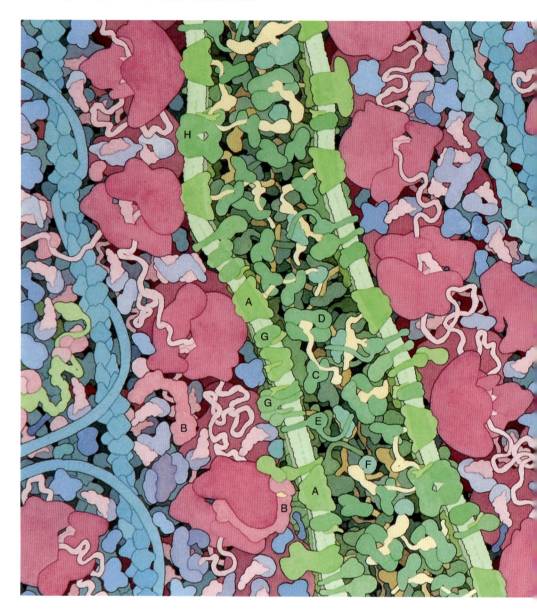

図 5.4　小胞体　私たちの細胞には非常に多くの区画があるため，新たにつくられたタンパク質を分類し，新しい目的地へと運搬する方法が必要である．このB細胞によってつくられる抗体のように，多くのタンパク質の旅は小胞体から始まる．小胞体は，相互に連結した一連の細い管と袋からなる．小胞体を包む膜には輸送タンパク質（A）が多く存在し，細胞質側のリボソームと結合して，合成されつつある新しいタンパク質を小胞体内部へと取り込む．輸送タンパク質は，アミノ酸の特別なシグナル配列を目印にして新しいタンパク質を見つける．このシグナル配列はリボソームによって最初につくられる末端配列であり，シグナル認識粒子（B）によって認識され，新しいタンパク質は小胞体表面へと誘導される．新しいタンパク

ヒトの細胞：区画化の利点　77

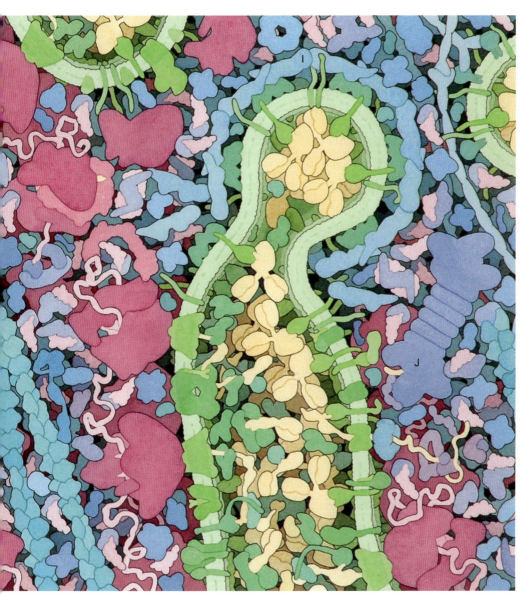

質の合成が完了して無事に小胞体内に運ばれたあと，シグナル配列は切り取られる．小胞体の内部には各種の分子シャペロンタンパク質，例えば，BiP（C），Grp94（D），カルネキシン，タンパク質ジスルフィドイソメラーゼ（E），シクロフィリン（F）などが存在し，新しいタンパク質の折りたたみを助ける．また，小胞体膜中の一連の酵素（G）によって多糖類の鎖が合成され，これはオリゴサッカリルトランスフェラーゼ（H）によって新しいタンパク質に付加される．最終的に，新しいタンパク質はCOPIIタンパク質の被膜（I）で包まれた小さな輸送小胞で次の段階へと輸送される．また，何らかの欠陥が見つかったタンパク質はすべて小胞体の外に運び出され，プロテアソーム（J）によって破壊される．（1,000,000倍）

78　第 5 章　ヒトの細胞：区画化の利点

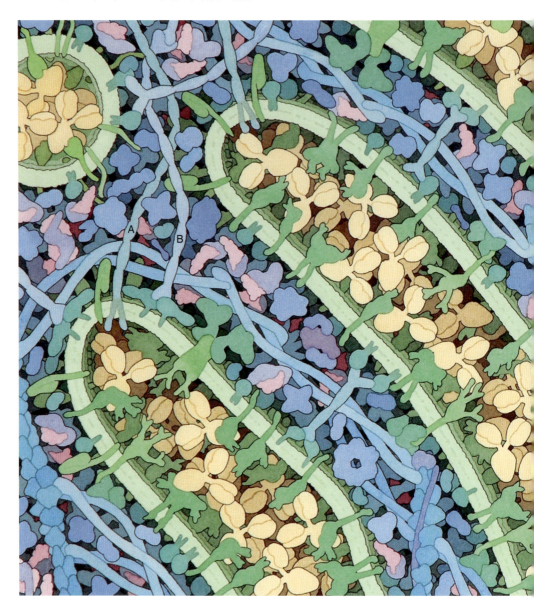

図 5.5　ゴルジ体　輸送小胞は新しいタンパク質をゴルジ体へと運ぶ。ゴルジ体は膜で包まれた袋が板状に何層にも積み重なった構造をしている。巨大な繋留タンパク質のギアンチン（A）やGM130（B）などが，輸送小胞をゴルジ体上の正しい場所へと誘導する。ゴルジ体はタンパク質の処理や仕分けを行う工場である。必要に応じて，糖と脂質がタンパク質に付加される。例えば，抗体のY字形を安定化させる糖鎖は，ゴルジ体で整えられて完成する。タ

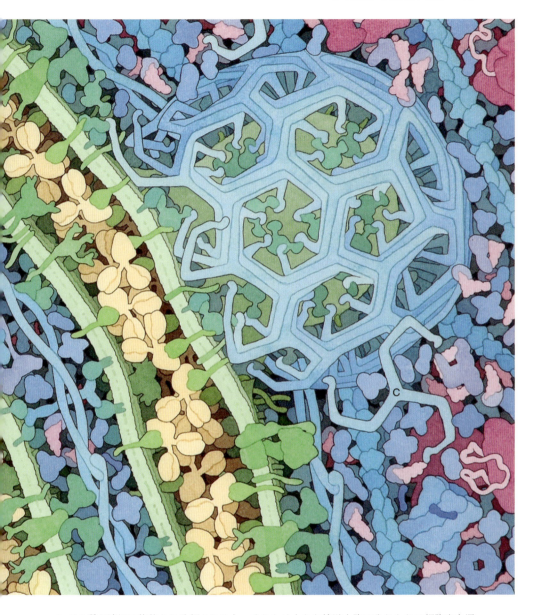

ンパク質が適切に修飾され分類されると，それらは小さな輸送小胞に入れられて細胞中を運ばれる．クラスリンタンパク質（C）は膜の外側で格子ドーム状の被膜を形成することによって，これらの輸送小胞をつまみ取るのに必要な「分子のテコ」をつくる．ゴルジ体から輸送小胞が離れると，クラスリン被膜ははがれ，輸送小胞はその最終的な目的地へと導かれる．（1,000,000 倍）

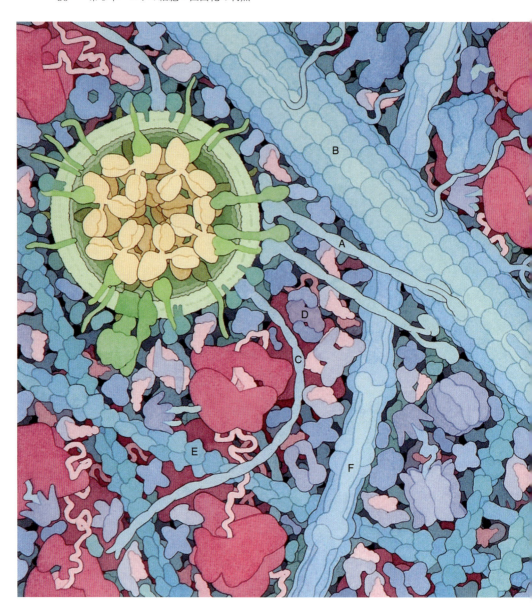

図 5.6 細胞質と細胞壁 抗体を格納した輸送小胞は，キネシン（A）に引っぱられながら，微小管（B）のレールに沿って細胞質から細胞壁へと至る最後の旅をする。長い係留タンパク質のゴルジン（C）は，輸送小胞が正しい目的地を見つけるのを助ける。ヒト細胞の細胞質にはさまざまな仕事を遂行する多くの酵素やその他のタンパク質がある。これらの多くは，細菌のものと類似しており，リボソームおよびタンパク質合成に関係する他の分子機械，解糖系の酵素群，その他の合成酵素などが含まれる。それ以外に，細菌には存在しない新しいタンパク質もある。例えば，第 7 章で述べるカスパーゼ（D）などである。細胞質は細胞内を縦横に走るフィラメントからなるネットワークで支えられている。そのフィラメントは細胞骨格を形成するが，細胞骨格は物質を輸送するレールで

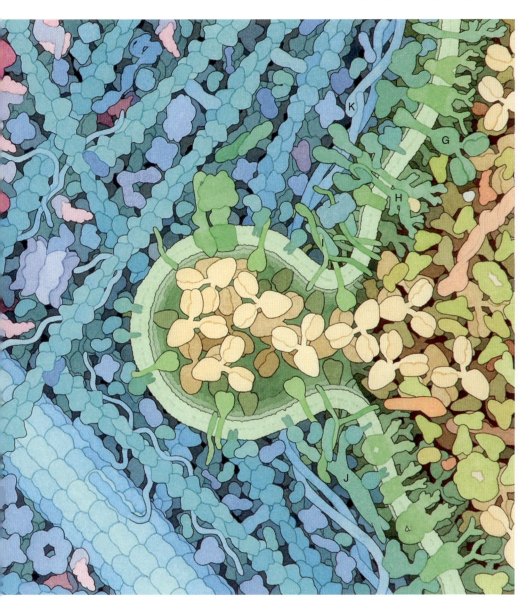

もある。フィラメントには，最も細いアクチンフィラメント（E），すこし太い中間径フィラメント（F），さらにずっと太い微小管の3種類がある。細胞膜にはさまざまな種類の膜タンパク質が埋め込まれ，多くの膜タンパク質は細胞外の部分に多糖類を結合している。これらの膜タンパク質は，細胞膜を横切る物質輸送や信号伝達に関与している。このB細胞にも，その機能と直接関係するタンパク質がいくつか認められる。例えば，細菌やウイルスを捕らえる膜結合型の抗体（G），他の免疫細胞からの情報を受け取るIL-4受容体（H），輸送小胞の融合と開口にかかわるスネアタンパク質（I）とエクソシスト複合体（J）など。細胞膜の内側では，スペクトリン（K）とアクチンフィラメントが丈夫なネットワークを形成し，脆弱な細胞膜を裏打ちしている。（1,000,000倍）

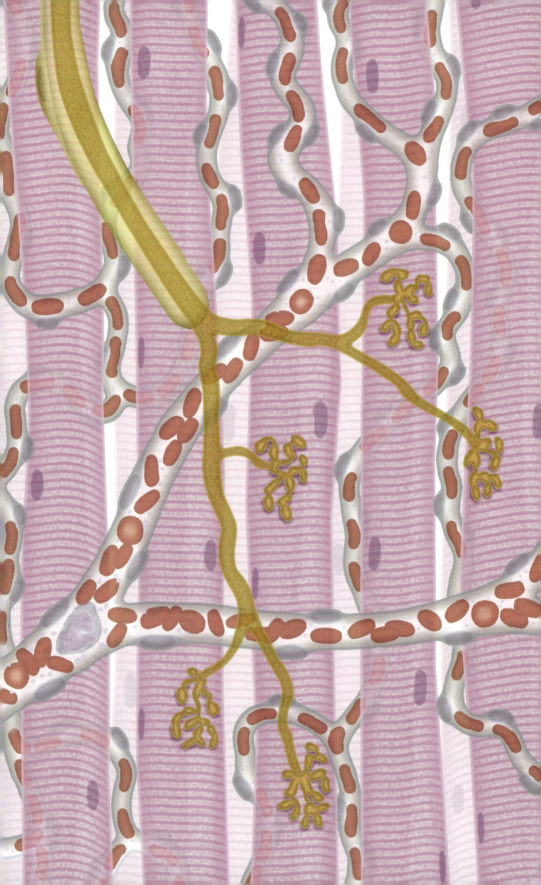

第6章
人体：
専門化することの利点

　多細胞であることには明確な利点がある。人体の形と大きさ，走ったり泳いだりする能力，経験する思考や知覚のレベル……すべては多細胞で構成される体のおかげである。私たちは何兆個もの独立した細胞から構成されているため，細胞はそれぞれの役割に遠慮なく特化できる（図6.1）。皮膚細胞はタンパク質を使って内外を隔てる丈夫な構造をつくり，体を保護することに特化している。消化管の細胞は食物や栄養分の吸収と代謝に特化し，体の他の部位に栄養を供給している。筋肉細胞は力を生み出すことに特化し，骨細胞は自身がミネラルの結晶中に埋もれて，この力をまとめる骨格をつくる。生殖腺にある一部の特別な細胞は生殖を専門とする。それらは遺伝情報と資源を守りながら，異性に由来する生殖細胞と合体して，まったく新しい人体をつくりだす。なかでも最も驚異的なのは，おそらく私たちの脳細胞だろう。化学信号と電気信号の処理を専門とし，これが私たちの豊かで内的な精神世界をもたらす。
　しかし，こうした多様性があるにもかかわらず，私たちの体を構成する数十兆個の細胞はいずれも，細菌のようなより単純な単細胞生物とかなりよく似ている。どちらの細胞にも，DNA，ポリメラーゼ，リボソームといったタンパク質をつくるのに必要なものがすべてそろっている。どちらにも解糖や呼吸の酵素があり，糖を利用可能な化学エネルギーに変換する。どちらも脂質膜に囲

図6.1　筋組織　この筋組織の切断面には，とても特殊な種類の細胞が含まれ，そのすべてが私たちを動かすという共通の目的に向かって協働する。この中には，動作を生み出す横紋筋細胞，栄養分と酸素を供給する真っ赤なの赤血球，この過程を制御する枝分かれした神経細胞が含まれている。また細胞の外には，筋組織を支え，形を維持する結合組織の複雑な基盤構造（イラストには示していない）も存在する。（1,000倍）

まれて隣の細胞と区切られ，自分独自の領域を明確に規定している．私たちの細胞はこうした生きるのに必要なものに加え，それぞれの役割に特化したタンパク質もつくる．リンパ球は血液に放出される抗体をつくる．神経細胞は化学的なセンサータンパク質と電気絶縁体をつくる．赤血球は酸素を運ぶためのヘモグロビンを，それだけで細胞を満たすほど大量につくる．筋細胞ではアクチンとミオシンでできたタンパク質のエンジンが構築されている．

　こうした多様性は，単純な生物では見られない「情報の問題」を引き起こす．ヒトの細胞はすべて1つの受精卵からできたものであるため，親から受け取ったDNAの複製はいずれも全種類の細胞が必要とする情報をすべてもっていなくてはならない．そのため，神経細胞はヘモグロビンをつくるのに必要な情報をもっているし，もしかしたら血液細胞が神経伝達物質をつくることができるかもしれない．しかし，これが起こってはならないのは明白で，もし起こってしまえば大混乱に陥るだろう．各細胞はどのタンパク質をつくり，どのタンパク質を無視するのかを決めて，血液，脳など，それぞれの部位に応じた役割に集中しなくてはならない．この選択は生命の最初の9か月間に行われ，細胞は増殖するにつれ次第に別々の運命に専念するようになっていく．細胞がある機能に注力するとき，多くのタンパク質は必要なくなる．神経細胞の発達にヘモグロビン遺伝子は必要ないし，血液細胞はミオシンをつくる情報を必要としない．このような必要のないタンパク質をコードするDNAは，核の中のゴミためのような場所に詰め込まれて保管される．

　特別な細胞の一種である「幹細胞」は，このような特定の機能に専念することはない．幹細胞は成長する能力や多くの機能を遂行するための能力を保持している．これらの中で最も一般的なのは胚性幹細胞である．この細胞は分裂してどのような特性でも選ぶことができ，発生途中の胚での位置にしたがって，皮膚細胞，筋細胞，神経細胞になっていく．成人の幹細胞には，通常このような順応性はなく，ある系統の細胞群をつくるのに特化している．例えば，私たちの骨髄にある造血幹細胞は，分裂して赤血球や白血球など数種類の血液細胞へと分化する．これらの幹細胞は一生分裂し続け，消耗したり失ったりした細胞をたえず補充している．

構造基盤と情報交信

　私たちの細胞は，小さな単細胞生物が直面するよりもはるかに困難な構造的問題に取り組まなくてはならない．人間サイズの生物をつくるには，細胞を支

え，強化して，それらをつなげる精巧な分子的手法が必要となる。人体は何段階にもわたって強化され，形が保たれている。まず細胞内に丈夫な支柱をつくり，隣り合った細胞を互いにつなぎ合わせる方法を追加し，最後に丈夫な膜とケーブルを使って細胞の並びを取り囲み，組織や臓器，そして体全体をつくりあげている。

私たちの各細胞には，私たちの骨格と同じ機能を担う細胞骨格があり，細胞を支えたり移動のための足場になったりしている。細胞骨格は線維状タンパク質（フィラメント）でできており，強度と用途の広さという両立しにくい性質が共存できるようになっている。このフィラメントは多くのサブユニットから構成されており，長いらせん状のケーブルに配置されている。これらが組み立てられたときには，最も過酷な構造的な用途に用いられるかもしれないし，また同時にすぐに分解され，変化する必要のある細胞内の別の場所で再び組み立てられるかもしれない。

アクチンは細胞骨格の中で最も細いフィラメントであるが，細胞に最も豊富に存在するタンパク質の1つで，通常，総タンパク質量の5％を占めている。細胞を縦横に走るアクチンフィラメントは，もつれ合った網状構造を形成して，細胞質を満たし支えている。この構造はアクチンフィラメントと架橋するアクチン結合タンパク質によってさらに強化される。ほとんどの場合，この構造は静的なものではない。例えば，アクチンフィラメントは細胞がはって動く際に重要な役割を果たす。アクチンフィラメントは細胞の表面でサブユニットごとに組み立てられ，接地面をはいまわるための偽足となって繰り出される。しかし，必要に応じて束ねられ，強く永続的な梁になることもできる。例えば，アクチンの束は消化器系の内側を覆う細胞の指状突起を支えるのに使われているし，アクチンがたくさん並んだ集合体は筋収縮（後述）のエンジンの一部として使われている。

アクチンよりも大きな2種類のフィラメント——中間径フィラメントと微小管——は細胞骨格においてアクチンを助けている。アクチンよりも安定な中間径フィラメントは，連結タンパク質でできた単位からなり，バラバラになるのを阻止する。これらは強度を上げるためにアクチンの網の中に編み込まれている。また，核膜の内側にはラミンによってできた類似のフィラメントが重ねられている。これらのフィラメントは皮膚細胞や髪の毛でも特化した役割を担っていて，角質（ケラチン）と呼ばれる類似のフィラメントの大部分を構成している。これらは化学的架橋でぴったりと接着されており，私たちの体でつくられる線維の中でも最も丈夫な部類に入る。

一方，微小管はアクチンと同じく一時的な用途で使われる構造体で，必要な

ときにつくられ，用がすめばすぐに解体される。細胞内の輸送経路となっており，2種類のモータータンパク質——キネシンとダイニン——は，これに沿って分子貨物を引っ張り，細胞全体へと配達している。神経細胞（後述）では微小管が細長い軸索を支えて強度を高めることで，驚くべき距離にまで材料を届け，精子では微小管に沿ってダイニンがすべることによって泳ぎの原動力が生み出される。また，細胞分裂の際に染色体を分離する紡錘体も微小管からつくられている。

　しかし，私たちのほとんどの細胞は体の中をはいまわる必要はない。組織や臓器に固定されたまま近くの細胞と連携し，自らの役割を果たしている。細胞は，さまざまな種類の結合分子によってまとめられ，それにより細胞は互いに連絡できるようになっている。例えば，カドヘリンタンパク質のかたまりは隣接した細胞にまで伸びて，細胞同士をくっつける丈夫な接着結合を形成する（図 6.2）。これらのタンパク質は細胞内にも伸びていて，細胞内にあるアクチンフィラメントと結合する。このように，2つの細胞の細胞骨格がこの結合によって連結し，組織全体を強くしている。

　この種の細胞間接着は組織の小さな領域をつくるのには問題はないが，筋肉や臓器といった大きな構造をつくるにはより頑丈な材料が必要である。このようなさらなる支持構造は細胞の外側につくられ，細胞を包んで支える。さまざまな物理形態があり，弾性のある線維から何世紀ももちこたえるコンクリートのような材料まで多岐にわたっている。軟骨や骨のような一部の組織は，主にこの構造的な材料だけでつくられており，ほかにその世話係としてはたらく細胞が少しあるだけである。一方，脳で見られる高密度に詰め込まれた神経のような組織は，細胞だけでまとまることができる。

　この細胞外基質（マトリックス）を構築する材料は細胞内でつくられた後，細胞から運び出されて，そこで組み立てられる。細胞外基質の主成分はコラーゲンである。これは非常によく見られるタンパク質で，体内にあるタンパク質のおよそ4分の1をコラーゲンが占めている。コラーゲンには多くの形態があるが，すべて3本のタンパク質鎖が芯になっている。この芯は縄を編んだロープのように各鎖が強く巻き合ってできている。それぞれ目的が異なる何種類かのコラーゲンがある。あるものは長くほとんど特色のない鎖で，並んで結合し，巨大なコラーゲン原線維を形成する。細胞外物質の強度はほとんどこれによって生み出されている。また別のものは各鎖の末端に特殊な構造をもち，広がった網状構造をつくれるようにしている。他のタンパク質や多糖類も一緒に編み込まれた網状構造は細胞を取り囲み，細胞を形づくる丈夫な基底膜となる（図 6.3）。そして，さらに別のコラーゲンがコラーゲン原線維と基底膜を縫い合わ

せる。

　このような構造的な課題に沿って，私たちの細胞が協調して共通の目的へ向かって確実に作業するためには，情報を互いに交信する手段をもたなくてはならない。組織において隣接した細胞は，両者の細胞質を物理的に結びつけることで直接連絡し合う。ギャップ結合（図 6.2）は隣接する 2 つの細胞の細胞膜が密に接触している領域でつくられるもので，ギャップ結合部分にあるコネクソンタンパク質には，2 つの細胞をつなげる小さな孔がある。通常，ギャップ結合は細胞間を大量に行き来する低分子を見張っているが，緊急のときには閉じることができる。例えば，一方の細胞でカルシウム濃度が急上昇すると，これは多くの場合，細胞が病気であるか，損傷を受けたという信号であるため，コネクソンはその孔をぴしゃりと閉め，隣の不健康な細胞を隔離する。

　また，近隣の細胞間ではサイトカインと呼ばれる分子メッセンジャーを用いて情報が受けわたされる。これらは細胞によってつくられ，細胞外に放出される小さなタンパク質である。それらは近隣へ拡散し，細胞表面にある受容体によって捕らえられる。これが細胞内に信号を起こし，適切な行動をとらせる。サイトカインを定常的にやりとりすることにより，各細胞は現在の組織の状態について情報を交換し，今成長すべきときなのか，休むべきときなのかを決定している。サイトカインは周囲に危険を知らせるときにも用いられる。例えば，ウイルスが周辺にいるかもしれないという警告として，細胞は α-インターフェロンをつくる。α-インターフェロンは，ウイルス RNA を攻撃するヌクレアーゼ酵素のような，ウイルスとの戦いに特化した分子をつくるよう細胞に伝える。これは，免疫機構が感染との戦いに出動するまでの間，身を守るのにも役立つ。さらにこれを血液中に放出すれば，さらに広い範囲に情報が届けられるかもしれない。詳細はまた後述するが，ホルモンも血流を通じて情報を体全体の細胞へと運んでいる。

　ヒトの体はきわめて微細な構造と情報交信というこれら基本ツールを用いて，約 100 種類の異なる細胞の動きを調整する。この章の残りでは，3 つの組織——筋肉，血液，神経——に着目し，これらの特定の役割に用いられる分化のいくつかを見ていくことにしよう。

筋肉

　手でこの本をもち，ページを見わたし，座って背中と首の位置を保つ……まさに今あなたが行っている動きはすべてミオシンのはたらきに由来する。ミオ

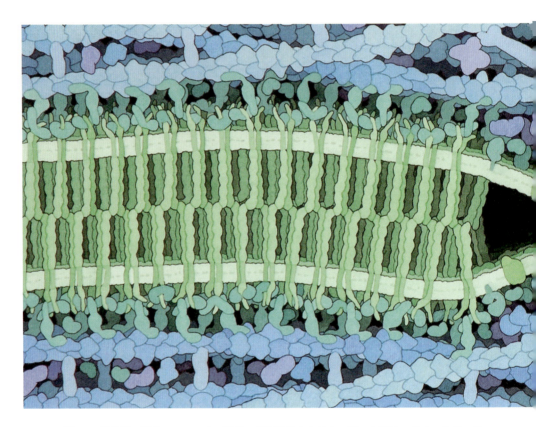

図 6.2　細胞間の結合　ここには 2 種類の細胞間結合を示す．図の左側は，多くのカドヘリン分子（緑）が 2 つの細胞膜を隔てる空間にまたがって頑丈な接着結合を形成した様子を描いたものである．細胞の内側では，各カドヘリン分子が小さなアダプタータンパク質によっ

筋肉　89

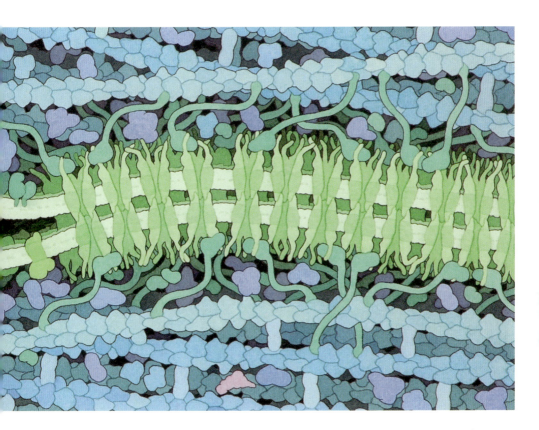

て細胞骨格につなげられている。右側は，コネクソンタンパク質（緑）が並んで分子サイズの管をつくり，ギャップ結合により2つの細胞をつないでいる様子を示している。（1,000,000倍）

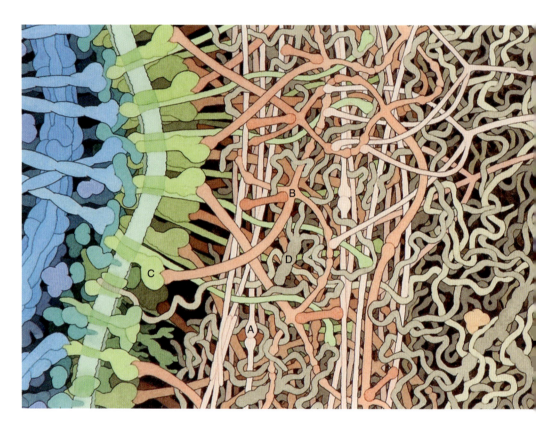

図6.3　細胞外基質　細胞外基質（マトリックス）は，構造タンパク質と多糖類が網状に絡み合ったものでできている。この断面図において，細胞は左端に描かれ，細胞膜の右側に密に詰まった基底膜がある。また，コラーゲン線維は右ページのほとんどを占めている。基底膜はコラーゲン（A），十字型のラミニン（B）などの分子で構成される。細胞膜にあるインテグリンタンパク質（C）は，細胞内の細胞骨格に基底膜をつなげている。大きなプロテオ

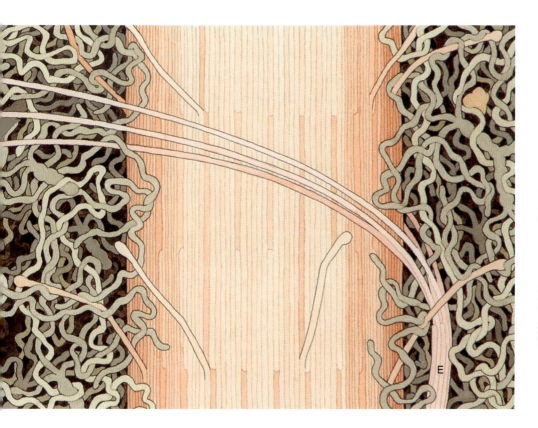

グリカン（D）は基底膜の中に織り込まれて，外側の空間にある長い多糖類の鎖と混ざり合う。このイラストには何種類かのコラーゲンが示されていて，基底膜で網状構造をつくっているもの，固定用の大きな線維（E）をつくっているもの，何種類かが集まって巨大な構造線維を形成するものがある。（1,000,000 倍）

シンは小さな筋肉分子で，ATPの化学エネルギーを用いてゆっくりした動作を行うのに用いられる。ミオシンはATP分子を分解して，強力な屈曲動作を行う。この1回のパワーストローク（動力行程）であれば，分子を数 nm 動かすことができるだけだが，他のミオシン分子と連結し，すべての動力を合わせると，全身をもち上げることができる（私たちがもつ筋肉は，大きなものだと10^{19}個のミオシンでできている）。

　私たちの筋細胞は，ミオシンとアクチンでできた「筋節（サルコメア）」と呼ばれる分子エンジンで満たされている（図6.4，6.5）。サルコメアはミオシン分子の小さな動きをつなげて，規模の大きな動きをつくり出す。アクチンとミオシンのフィラメントは各サルコメアの中で並んで配置され，多くのミオシン分子がアクチンに沿って動く。サルコメア1つが縮む距離は全長の約60%にあたる1μm（= 1,000分の1 mm）程度にすぎないが，長い筋細胞の中で10,000個ものサルコメアが積み重なると，腕を動かすのに十分な縮みとなる。

　非常に大きな力が発生するため，各サルコメアは構造的に頑丈でなくてはならない。すべてのアクチンフィラメントは各サルコメアの末端にある網状のタンパク質によって，ミオシンフィラメントは各サルコメアの中心にある別の網状タンパク質によってとじられている。全体はタイチンと呼ばれる巨大なタンパク質によってまとめられていて，これがアクチン部分とミオシン部分をつなげるゴムバンドのようなはたらきをしている。タイチンには収縮性があるため，収縮や伸張の邪魔をすることなくフィラメントが正しい配列を保つように動きを制限することができ，これによりエンジン全体が滑らかに動くようにしている。

　各サルコメアは慎重に制御され，収縮が筋線維全体に沿って滑らかに起こるようにしなければならない。筋収縮は筋細胞内のカルシウム濃度によって制御される。カルシウムは特別な区画の中に貯えられ，細胞が収縮する必要があるときに放出される。カルシウムはすべてのサルコメアにすばやく拡散し，トロポニン分子を変化させ，アクチンと結合できるようにする。それによってミオシンの結合部位が開放され，各サルコメアの収縮が始まる。収縮が終わると，

図6.4　サルコメアの収縮　サルコメアはミオシンフィラメント（中央の赤）にアクチンフィラメント（青）がかみ合ったものでできている。各フィラメントにあるたくさんのミオシンモーターがアクチンフィラメントに沿ってよじ登り，サルコメアを収縮させる。黄で示したより細いヘビのような分子はタイチンで，アクチンフィラメントとミオシンフィラメントの適切な配置を保つ巨大で伸縮性のあるタンパク質である。

筋肉 93

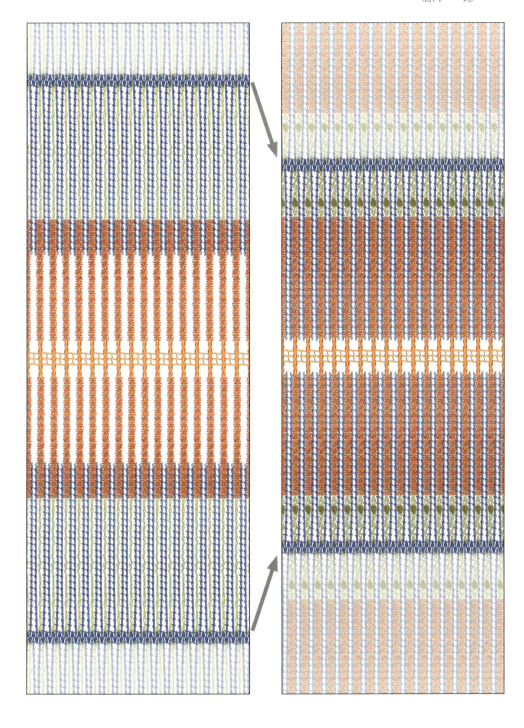

カルシウムポンプタンパク質がカルシウムを貯蔵庫に戻すため，細胞は弛緩する。この過程全体は非常にすばやく行われる。拍動する心臓についていえば，このカルシウムを放出して再び貯えるというサイクルは毎秒行われており，それが数十年にわたって継続的に繰り返されているのである。

血液

血液は物質輸送と情報のやりとりを行うための水路になっているだけではなく，負傷や感染に対する主要な防衛線にもなっている（図6.6）。私たちの体全体では約5～6Lの血液が循環している。その約45%は酸素を運搬するヘモグロビンを詰め込んだ赤血球である。また，さまざまな種類の白血球が赤血球700個につき1個の割合で存在し，循環（心血管）系をうろついて私たちを感染から守っている（その例は最終章で示す）。残りは血漿で，これにはタンパク質が濃縮された溶液と，数多くの生体機能を担う細胞の小さな断片が含まれている。

血液の明るい赤色は赤血球に含まれるヘモグロビンに起因する。赤血球は酸素を肺から組織へと運ぶことだけに専念していて，実際のところ，その他のことはほとんどできない。赤血球は骨髄にある幹細胞から生まれる。幹細胞から分化するにつれて，徐々にヘモグロビンをつくることだけに注力するようになり，他の機能はすべて退化する。赤血球膜は，他の細胞と情報をやりとりしたり選択的に物質を出し入れしたりする機構の多くを失い，その特徴的な円盤状の形を保持するための基本的な足場によって支えられているだけである。そして最後に，赤血球は究極的な犠牲を払う。ミトコンドリア，核，リボソームなど通常の細胞がもつ分子機械をすべて1か所に集め，すべてを細胞外に放出してしまうのである。できあがった赤血球は，制御能力を欠いた自動機械となり，血流に乗って約4か月間酸素を運び続ける。

血液によって運ばれる分子は酸素だけではない。血液の液体成分（血漿）は，

図6.5 **アクチンとミオシン** 筋肉を収縮させる力はミオシンフィラメント（赤）から伸びる多くのミオシンモーターによって生み出される。このモーターはATPからのエネルギーを得てアクチン（青）に手を伸ばし，それを引っぱることで，小さな一歩を進める。トロポミオシン分子はアクチンフィラメントにくるまれており，この過程を制御している。（1,000,000倍）

血液 95

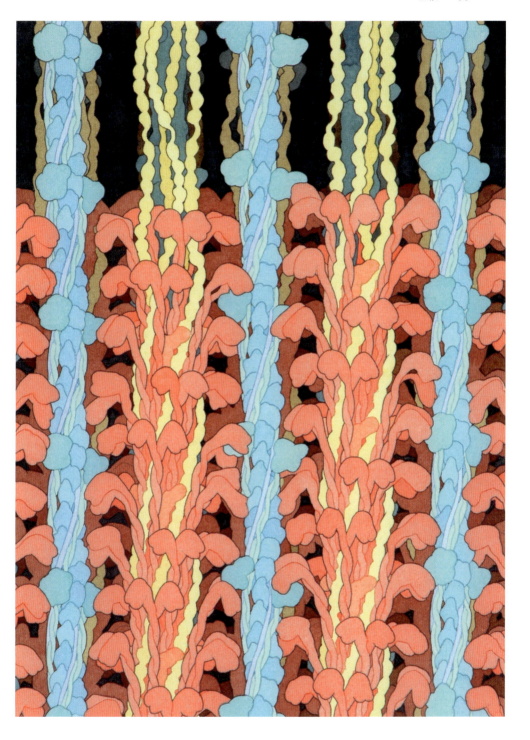

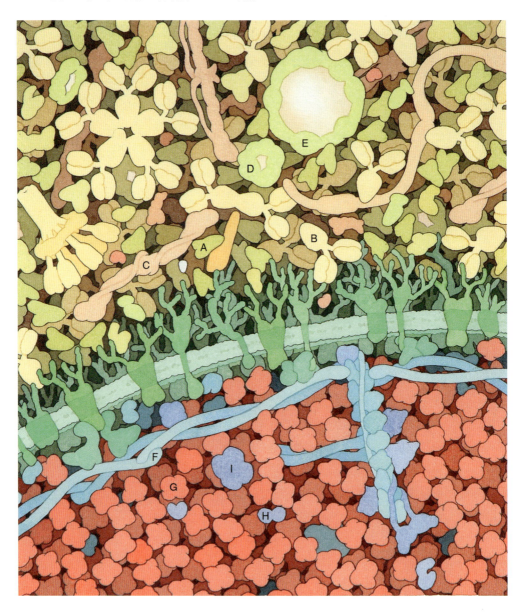

図 6.6　血漿と赤血球　この図は上部に血漿を，下部に赤血球の横断面を示した。血漿には多くの血清アルブミン分子（A），Y 型抗体（B），フィブリノゲン（C），高比重リポタンパク質（D），低比重リポタンパク質（E），そして輸送と保護にかかわるその他の多くのタンパク質が含まれる。赤血球の細胞膜は，私たちの他のほとんどの細胞の細胞膜と比べて随分と単純化されたものになっており，簡素化されたスペクトリンによる網状構造（F）をもっている。細胞内は，ヘモグロビン（G）と，スーパーオキシドジスムターゼ（H）やカタラーゼ（I）のような，いくつかの抗酸化タンパク質でほぼ完全に満たされている。（1,000,000 倍）

ある場所で分子を拾って別の場所まで届けるためのさまざまな種類の輸送タンパク質群で満たされている。血液が直面する大きな問題は、脂肪と脂質をどうやって輸送するかということである。糖は水によく溶けるため、循環系内に放出されるだけで、他の場所にいるおなかのすいた細胞が拾うかもしれない。一方、脂質や脂肪は水の中では凝集してしまう。これらが直接血流に入ると、台所の排水管を詰まらせる油脂のように溜まってしまい、循環をさえぎってしまうだろう（これはアテローム性動脈硬化症で起こることとほぼ同じである）。そうならないよう、脂質と脂肪が血液中を旅するにはつき添いが必要である。

脂肪酸（脂肪や脂質の炭素鎖部分）は、血清中に最も多く含まれるタンパク質である血清アルブミンによって運ばれる。アルブミン1分子は脂肪酸7分子を運ぶことができる。脂肪酸はこのタンパク質の表面にある溝の奥深くに結合し、周囲の水から隔離される。血清アルブミンは他の炭素を多く含む分子（ステロイドホルモンや一部の薬剤分子）とも結合して輸送を行う。これは、薬剤を投与する際に適切な用量を決めるうえで非常に重要である。薬剤分子が血清アルブミンと強く結合すると、ほとんどがこのタンパク質に隠されたまま運び去られてしまい、正しい作用部位に届かない。だが、これを利用して薬の作用時間を延長することもできる。血清アルブミンは薬剤を長時間保持する貯蔵庫となり、血液循環を続けながら薬剤をゆっくり放出していく。また私たちが生まれつきもっている解毒機構から薬剤分子を守る作用もあるため、水溶性薬剤よりも薬効を長時間持続させることができる。

脂質や脂肪は脂肪酸とは別の方法で運ばれる。血清アルブミンのようなタンパク質の中に1つずつ入れて運ばれるのではなく、リポタンパク質と呼ばれる小球で運ばれる。各リポタンパク質は環状のタンパク質によって囲まれた脂肪または脂質分子が集まってできている。これらのリポタンパク質は循環器系の内層を構成する細胞に吸収され、その細胞内で分解される。血液を循環している主なリポタンパク質として、低比重リポタンパク質（low-density lipoprotein: LDL）と高比重リポタンパク質（high-density lipoprotein: HDL）の2つがある。低比重リポタンパク質のほうが大きく、より多くの脂質を含むため低比重になっている。どちらも体内のコレステロール輸送において重要だが、LDLは心臓と脳に血液を送る動脈の壁に蓄積する傾向があり、アテローム性動脈硬化症の原因となるため「悪玉コレステロール」として悪評を得ている。一方、HDL値が高いと心臓病リスクの低下につながると考えられており「善玉コレステロール」と呼ばれる。この予防効果の正確なしくみについてはいまだ議論されているところだが、HDLがプラーク（動脈硬化巣）からコレステロールを抜き取り、肝臓まで戻し貯蔵することができるためかもしれない。

血液にも内部修復機構が含まれている。血液は高圧で全身に送り出される液体であるため，循環器系が傷つくと簡単に失われてしまう。損傷は血餅をつくることで制御され，周囲の組織が再生されるまで血餅が血液の漏出を食い止めている（図 6.7）。血餅は次のようにしてつくられる。まず細長いフィブリノゲン分子がもつれ合った網状の線維をつくる。それに血小板と呼ばれる小さな細胞の断片が引っかかる。こうしてできた粘着性の栓が損傷部分を塞ぐ血餅となる。ご想像の通り，この過程は細心の注意を払って制御する必要がある。血液の凝固は，必要とされる時間と場所でのみ起こるようにしなくてはならない。さもないと，血管が詰まって心筋梗塞や脳卒中を引き起こしてしまう。血液の凝固は一連のタンパク質群によって制御され，正しい位置ですばやく血餅がつくられるようになっている。

血液凝固を行う一連の過程は組織因子から始まる。組織因子は血管を取り囲む細胞の表面にあるタンパク質で，普段は血液と直接接触していない。組織因子は，組織が損傷したことを示す信号になる。つまり血液が組織因子をもつ細胞に到達すれば，血管から血液が漏れ出したことを意味する。これは損傷を知らせる信号となり，一連の血液凝固過程が始まる。まず組織因子が第 VII 因子をいくつか活性化させる。すると，より多くの第 X 因子が活性化され，次にさらに多くのトロンビンが活性化される。そして最終的にはより多くのフィブリノゲンによって小さな留め具がつくられ，防水性の血餅となる。完璧な血餅をつくりあげるには2つの方策を用いる。1つは，この一連の過程で信号を増幅するという方策である。各段階でより多くのタンパク質のコピーが活性化され，わずかな組織因子分子から，何千もの活性化されたフィブリン分子へと信号は増幅されていく。2つ目の方策は，これらのタンパク質の寿命を非常に短くするということである。それらが活性化されるととても不安定であるため，損傷部位から近いところまでしか広がらず，正しい場所で局所的に血餅をつくることができる。

血液にはこのほかに私たちがもつ免疫機構の多くも見られ，ウイルスや細菌のような微生物の侵入をたえ間なく防いでいる。血漿に含まれる抗体は，私たちの体の防衛の最前線となっている。まず，外部から侵入した微生物に特徴的な異物をつきとめ，次に白血球が破壊するための標識をつける。血漿にはさまざまな種類の抗体が含まれており，それぞれが異なるヒトのものではない分子と結合するように調整されている。しかし，抗体をつくる細胞がどのようにしてまだ出会ったこともないタンパク質に結合する抗体を設計するのかを不思議に思うかもしれない。これは生物学においてよく見られることだが，ランダム性と淘汰を組み合わせることで実現している。私たちの発生の初期段階におい

図 6.7　血液凝固　組織因子タンパク質（A）が血液に触れると血液凝固が始まり，第 VII 因子（B），第 X 因子（C），トロンビン（D）といった，続く一連の血液因子が活性化されていく．トロンビンは最終的にフィブリン（E）を活性化し，これが集まって図の上部に示す頑丈な網状構造となる．（1,000,000 倍）

て，発達中の免疫機構は遺伝子を巧妙に組換え，非常に多くの種類のリンパ球をつくる。このそれぞれが固有の抗体をつくるが，その中には私たちがもつ通常のタンパク質と結合するものもあれば，今まで出会ったことのない他のタンパク質と結合するものもある。この後，免疫機構は私たち自身の分子に作用する抗体をつくる細胞だけをすべて処分するため，大人になるまで生き残った細胞群がつくる抗体は，さまざまな非自己の分子と結合する抗体の集まりとなる。また成熟したリンパ球は，有効であるとわかれば，アミノ酸をあちこち変更して抗体の形を少しは変えることができる。こうして新しい脅威に対する機能を完成させる。

血漿には補体系と呼ばれる殺菌を専門とする別の免疫タンパク質群がある。細菌が感染の足がかりを得ると，全身にすばやく到達してしまうため，血液において細菌性感染と戦うための補体系はとても重要である。補体系は血液凝固に似たタンパク質による一連の反応系であり，増幅タンパク質を数回にわたり活性化するセンサーをもつ。これが最終的に殺菌ミサイルの弾頭となって細菌を待ち構える。センサーは6本の腕をもったC1と呼ばれるタンパク質である。これらの腕がいくつか同時に細菌表面にある抗体に結合すると，破壊をもたらす一連の反応が始まる。最終的に，これは侵入者の細胞壁に穴を空ける膜攻撃複合体となる（序文前の口絵に図示した）。

細胞間で情報の交信をする最も単純な方法は血液を使ったものである。ホルモンは血液を通じて個々に情報を運ぶ。ホルモンにはわずかな原子からなる低分子のものもあれば，小さなタンパク質もある。いずれも特殊な腺でつくられ，体中の細胞表面または内部にある受容体によって受け取られる。例えば，アドレナリン（別名エピネフリン）は副腎（各腎臓の上部にある）でつくられ，細胞にエネルギーをつくることに集中するよう命じる情報を運ぶ。アドレナリンは危機が差し迫ると頻繁に放出される。危険な状況に直面したときに感じる気分の高揚感が，私たちの細胞が行動を起こす準備としてエネルギー資源を動員しているために起こるのである。インスリンとグルカゴンは血糖値に関する最新情報を伝える小さなタンパク質ホルモンで，細胞に対し，血液から糖を取り込んだり，血液にもっと糖を放出したりするよう促す。コレステロールの形を変えたものが性特異的ホルモンである。卵巣でつくられるエストロゲンや精巣でつくられるテストステロンは，思春期に変化を始めるときが来たという情報を伝える。成長ホルモンは下垂体でつくられる小さなタンパク質で，小児期において体全体の細胞の成長を調整するのに役立っている。

ヒトが用いる最も旧式な情報伝達において，その多くを担うのがホルモンで，これにより多細胞生物の基礎的なリズムを統制している。しかし，情報の伝達

媒体としてホルモンを使用するのは，このような基本的情報に限られる。なぜなら，ホルモンをつくるのには非常にコストがかかるためである。新たな情報を発信するたびに，完全に異なった分子を生成しなければならず，それを受け取る標的細胞側でもそれを受け取る新しい分子機械のセットが必要となる。現在，ホルモンは「お腹が空いた」「怖い」といった単純な情報を送るために使用され，より複雑な情報をやりとりする際は，ホルモンよりも柔軟性が高く強力なしくみが用いられる。

神経

　神経細胞は長距離を迅速に情報伝達することに特化している。私たちの体には神経細胞のネットワークが張りめぐらされ，すべて脳が中心となって制御されている。そして体のすみずみまで配線が行きわたっている。神経信号は体中を走って私たちの感覚を集め，処理し，筋肉を動かす。信号の一部は脳にずっととどまり，思考や記憶を保存する。そして，神経細胞の配置を変えたり，連続した神経細胞間の相互作用を変化させたりすることで，神経回路網は，最も単純な生まれつき備わった反射応答から，最もわかりにくい思考過程まで制御することができる。

　私たちの神経は電気信号と化学信号で通信する。電気信号は長い距離を短時間で情報を運ぶのに使われる。信号は神経細胞の細長い軸索を伝わっていく（図 6.8, 6.9）。軸索の長さは，密度高く詰められた脳の神経で見られる非常に短いものから，遠い四肢へと伸びる長さ 1 m 以上のものまでさまざまである。そして信号が軸索の末端に到達すると，隣の神経細胞との間にある狭いシナプス間隙に化学信号を運ぶ神経伝達物質を放出し，隣接細胞に信号を伝える。

　電気信号は，ナトリウムイオンの電気化学的な勾配によって動く一連の分子中継器によって伝えられる。まず軸索を帯電させる過程において，信号を発信する準備が整えられる。軸索の膜にあるポンプはナトリウムイオンを軸索から狭い周囲の空間へと運びだし，電池を充電するのと同じ要領で膜を帯電させる。そして，一連の電位の変化により開閉するチャネルタンパク質がこの帯電した膜を利用し，軸索に情報を伝搬させる。この電位型チャネルは興味深い特性をもっていて，膜が帯電しているとチャネルは閉じたままだが，電気化学的な勾配が低下し，膜内外の電位差が小さくなるとチャネルが開かれる。この特性によって神経で情報を伝えていくことができる。

　神経は，軸索の先頭部分の膜からナトリウムを取り込むことによって信号を

102　第6章　人体：専門化することの利点

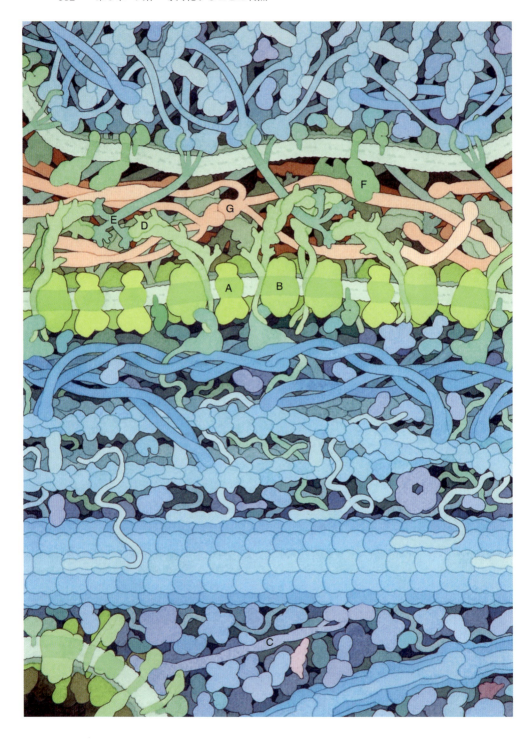

発する。これにより膜内外の電位差が小さくなるが，周囲のチャネルがこの差を感知し，チャネルをすべて開放して軸索にさらなるナトリウムを流入させる。これは軸索のさらに下流にあるチャネルを開く引き金となり，軸索へのナトリウム流入による局所的な電荷を発生させる。チャネルを開く変化が軸索全体に広がっていくにつれて，信号は波のように軸索を伝わり，端まで伝わりきると，軸索全体が無荷電の状態になる。こうなると電位型チャネルは自発的に閉じて，化学的ポンプが膜を越えてナトリウムをポンプ輸送し始め，軸索が次の信号を送れるよう準備が進められる。これは複雑なように見えるかもしれないが，過程全体は非常に速く起こり，通常の神経は1秒間に200回以上の信号を発することができる。

電気信号の波が軸索の末端に到達すると，化学信号の隣の神経細胞への伝達が始まる（図6.10）。軸索末端の電圧が低下すると，そこにある小胞の中身を細胞間にあるシナプス間隙に放出する。神経と筋細胞との間にあるような一部の非常に活発なシナプスでは，数百個の小胞が空になるほど強い信号が送られる。一方，中枢神経系をつないでいるようなシナプスでは，小胞1個がかかわるだけの弱い情報が送られる。各小胞には何千分子もの神経伝達物質が入っており，シナプス全体にすばやく広まって，隣接する神経細胞表面の神経伝達物質に対して特異的に反応する受容体タンパク質に結合してそれらを開かせる。これによって何千個ものイオンが細胞内に流入し，信号が再び始まる。

通常，神経細胞の表面には何千もの軸索末端があるため，細胞はさまざまな別の細胞からの情報を受け取る。化学信号を使うことにより，神経細胞は個々の情報を区別することができ，その結果に基づいて何を行うかを決めることができる。正の興奮性情報を伝える神経伝達物質を使い，それを受け取る細胞に電気信号を起こさせるシナプスもあれば，別の神経伝達物質を使って，電気応答を抑える抑制信号を伝えるシナプスもある。各神経細胞は何千もの化学信号

図6.8 神経軸索 この図には神経軸索の横断面を示した。電気的な神経信号を伝える興奮性の細胞膜は，図の中央を水平に横切るように描かれている。この膜は2種類のタンパク質で満たされており，膜を帯電させるナトリウムポンプ（A）と膜に沿って電気信号を伝える電位依存性ナトリウムチャネル（B）がある。細胞骨格タンパク質でできた複雑な土台（この図では膜の下側）が軸索を支え，軸索を行き来する資源の輸送路としての役割を担っている。図の最下部には微小管に沿って小胞を引っ張っているキネシン（C）が描かれている。また上部には隣接するグリア細胞があり，2つの細胞は神経ファシン（D），グリオメジン（E），インテグリン（F），テネイシン（G）といったタンパク質によって接着されている。（1,000,000倍）

104　第6章　人体：専門化することの利点

を受け取るかもしれないが，この中には興奮性のものも抑制性のものもあるだろう。電気信号がその軸索に送り出されるかどうかは，受け取る化学信号の相対的な数とタイミングによって決められている。このように，各神経細胞は1つの情報を受動的に中継するだけのものではなく，情報の処理装置となっている。

　もちろん，体中で発火する神経信号が役に立つのは，何かを行う場合だけである。神経系は一連の入出力を通じて，現実世界とつながっている。感覚情報は神経系に伝えられ，私たちが周囲環境の最新状態を知ることができるようにしている。各感覚にはそれぞれ異なる分子機械があって，これにより環境の変化を探知している。眼には光子を吸収すると神経信号を発する感光性タンパク質ロドプシンがある。舌にある味蕾にはイオンや酸の濃度を感知する受容体があり，「塩っ辛い」とか「酸っぱい」と解釈される信号を送る。耳の中にある受容体タンパク質は，細胞上にある小さな毛髪状の突起が小さな動きを感知し，この動きを私たちが聴く音の高さの違いとして解釈する。最終的に，これらの感覚情報はすべて電気的な活動電位に変換され，神経軸索から脳へと伝わる。

　神経は筋肉と腺を刺激して，体のさまざまな場所で感じる信号を生み出す。私たちはこの一部を意識的に制御している。つまり，そうしようと考えることで，腕や脚の筋肉に神経信号を送り，収縮させることができる。しかし，神経系からの出力の多くは，意識的な制御を受けずに行われる。神経信号は体内の筋肉に送られて，心臓の拍動や消化のゆっくりとした動きを統制する。また，分泌腺を刺激して適切なホルモンを放出させ，日常生活を維持し，また生活の変化をもたらす。

図 6.9　ミエリン鞘　私たちの神経の伝導速度は髄鞘（ミエリン鞘）を使うことで大きく向上する。ミエリン鞘の細胞は軸索を周囲の膜が取り囲んで何重にも層をつくり，軸索を周囲から絶縁している。軸索は図 6.8 に示したような興奮性の膜でできた小さな切れ目で分けられたミエリン鞘の長い分節からなる。神経信号はミエリン鞘の切れ目を通って，興奮性膜の小さな区画の間をすばやく伝わっていく。ミエリン鞘のない通常の神経では，信号の伝導速度は約 5 m/秒であるが，ミエリン鞘の切れ目を通って近道をするとその速度は 10 倍になる。この横断面図では，軸索が右下にあり，図 6.8 のイラストに対して垂直な角度で切断したものである。一番下には，軸索の内側にある微小管の1つを切断したもの（A）が描かれている。有髄の軸索膜は無髄のものに比べて，下部に示す電位依存性カリウムチャネル（B）を含むポンプやチャネルがはるかに少ない。図の上部に示したシュワン細胞は，軸索のまわりに 4 回巻きついて膜を絶縁する 8 重の層を形成している。ミエリン P0 タンパク質（C）やミエリン塩基性タンパク質（D）のようなタンパク質は，こうしたシュワン細胞が薄く広がり，密に積み重なった層をつくるのに役立っている。（1,000,000 倍）

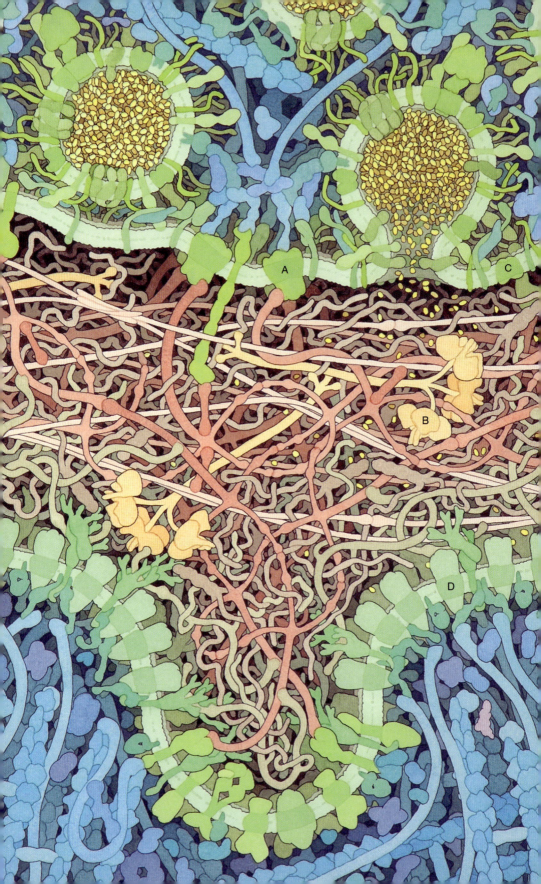

私たちの脳にある百兆個ものシナプスが，体の全領域からの入力処理と適切な出力の生成のすべてを制御している。この驚異的なネットワークは，生命の発生当初の数か月のうちに構築されたものである。私たちの脳が胎児として発達するにつれ，神経細胞は増加し，隣接する細胞に多くの接続を伸ばして，感覚，動作，思考それぞれ異なる脳の関連部位に配線されていった。そして，成長し学ぶにつれて得た多くの幼児体験によって接続が強化され，脳は生物学的計算を行うための効率的機械に改造されていった。こうして，脳の神経細胞は協働して睡眠と覚醒のサイクルを誘導し，楽しさや痛みとして信号を解釈し，色，音，言葉を認識し，過去に行ったことを記憶し，難しい状況下で今何をすべきかを考え，将来どこへ行くのかについて計画する，といったことをこなすようになった。

図6.10　神経シナプス　化学信号は，神経細胞から隣の神経細胞へシナプスを介して伝えられる。ここにはその断面図を示す。上部にあるのは軸索末端で，その中に神経伝達物質で満たされた2つの小胞がある。左の小胞は膜と融合しつつあり，右の小胞は膜と融合して神経伝達物質を放出しているところである。この繊細な作業を行うには，小胞膜において連結と調整を行うタンパク質複合体が必要で，さらにいつ融合を始めるかを決めるのに神経膜の電位依存性カルシウムチャネル（A）も役立つ。細胞間のシナプスは基底膜で満たされていて，この中には仕事を終えた後に神経伝達物質を分解する酵素であるアセチルコリンエステラーゼ（B）も含まれている。小さなCHT1タンパク質（C）は神経伝達物質を細胞へと送り返し，次の神経伝達で再利用できるようにする。下部にあるのは筋細胞で，表面にたくさんのアセチルコリン受容体（D）がある。筋細胞中のタンパク質による絡み合った網状構造は受容体を適切な位置に保持し，シナプス内に集合させている。（1,000,000倍）

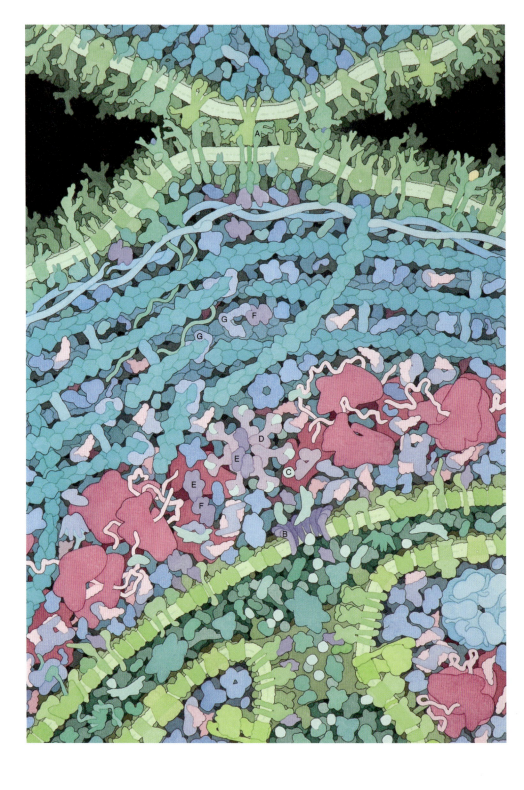

第7章
生と死

　崩壊と死は，私たちが生きる世界において避けることのできない結末である。エントロピーの力は緩慢だが，すべてのものを容赦なく侵食する。このエントロピーのはたらく世界において，最初の生命体による大きな発見は，この平衡へと向かう不可避の崩壊に挑戦し，秩序を持続するための方法であった。この難問に立ち向かうには，次の2つの方法が考えられよう。不死と意図的老朽化である。不死の生命体があるとすれば，環境からの影響に対して完全な抵抗力をもつか，すべての損傷を元に戻すための強力な治癒機構をもつ必要があるだろう。しかし，最初の脆弱な生命体にとって，そのような過大な要求に応えることは明らかに無理であった。その代わりに，生命体は意図的老朽化という路線に沿って進化してきた（図7.1）。すべての分子や細胞，個体は完璧に新しく生み出され，1分，1年，あるいは1世紀の間生きて死ぬ……しかし，その

図7.1　プログラム細胞死　私たちのすべての細胞には，必要なときに命令によって死ぬ方法があらかじめプログラムされている。細胞がプログラム細胞死を始めるときには，安全かつ整然とした方法で，自身の分子機械を分解する。このイラストにおいて，上部の細胞傷害性（キラー）T細胞は，下部の標的細胞に死ぬように信号を送っている。T細胞表面のタンパク質が標的細胞の表面にある細胞死受容体（A）によって認識されると，これにより死に至る過程が開始される。この過程の途中で，BIDタンパク質（B）はミトコンドリア（下部）の表面に孔を空けて，細胞質にシトクロムc（C）を放出する。これはアポトソーム（D）を組み立てる信号となり，開始因子のカスパーゼ（E）を活性化する。そして，これらはより多くのカスパーゼ（F）を活性化し，細胞全体に散在するカギとなるタンパク質を攻撃するための規則正しい作戦を開始する。例えば，カスパーゼがタンパク質ゲルゾリン（G）を切断すると，ゲルゾリンはアクチンフィラメントを分解する活性型へと変わる。（1,000,000倍）

前に新しい分子や細胞，個体がちゃんと複製されている。

　誕生，生，死というこのサイクルの中には，時代を超えて続く不滅の1つの連鎖がある。それは世代から世代へと引き継がれる遺伝情報である。しかし，その遺伝情報でさえも可変であり，徐々に突然変異が起こって，入れ替わることで変化し，現在私たちが享受する生命の多様性をもたらしているのである。

ユビキチンとプロテアソーム

　タンパク質はある特定の仕事を行うためにつくられ，仕事が終わればすぐに廃棄される。典型的な細胞では，新しく合成されたタンパク質の20〜40％は，合成から1時間以内に破壊される。あるいは，転写や細胞分裂の調節といった，機能するタイミングが重要となる一部のタンパク質では，その寿命はわずか数分間にすぎない。意図的に老朽化させるというこの戦略は，一見無駄に見えるかもしれないが，大きな利点もある。こうすることで，細胞は環境の変化にすばやく対応することができるのである。

　もちろん，これは細胞にとって大きな問題になる。なぜなら，タンパク質を破壊するための酵素をそのまま細胞質内へ放出することはできないし，そんなことをすれば，私たちの胃の消化酵素のように，酵素は手あたりしだいにすべてを破壊してしまうだろう。そこで，細胞は代わりにプロテアソーム（図7.2）を用意した。プロテアソームはタンパク質を貪欲に食べる，いわばタンパク質用のシュレッダーである。ただし，その切断装置は樽のような構造の中に厳重に隠されているため，プロテアソームは細胞内を自由に動き回ることができ，標的となる特定のタンパク質のみがその胃袋に納められる。

　細胞はタンパク質の破壊をコントロールする何らかの規則をもつ必要があり，不必要な，もしくは損傷したタンパク質のみをプロテアソームに送り込むようにしなければならない。小さなタンパク質であるユビキチンは，この過程において中心的な役割を果たす。ユビキチンは使い古されたタンパク質に付着し，そのタンパク質は分解・再利用される用意ができていることを細胞に知らせる。この過程の巧妙な点は，ユビキチンが標的となるタンパク質だけに付着することである。これはユビキチンリガーゼと呼ばれる一群の酵素によって行われる。これらの酵素群は，その他に2つの酵素の助けを借りて，寿命の短くなったタンパク質を選別してユビキチンを付着させる。4つ以上のユビキチン分子が数珠つなぎになって付着したタンパク質が破壊の標的となる。このユビキチン鎖をプロテアソームの両端にあるキャップ構造のどちらかが認識して，ユビキチ

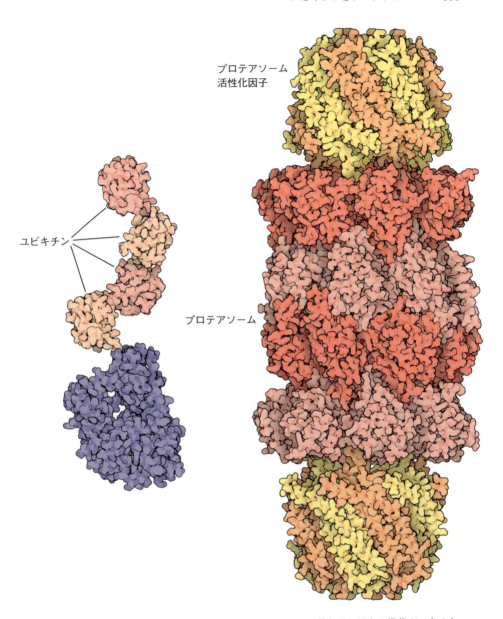

図 7.2　ユビキチンとプロテアソーム　古くなったタンパク質を再利用する準備ができると，細胞はまずひも状のユビキチンを標的タンパク質に付加する。するとプロテアソームはこのユビキチンを認識して，ユビキチンのついた標的タンパク質を破壊する。プロテアソームはリング状のタンパク質サブユニットが4層に重なった構造をしており，中にタンパク質切断機械を隠している。ここに示す構造は，両端に活性化因子のタンパク質からなるリングももつ。この部分は小さなペプチド断片を完全に破壊するため選択的にプロテアソーム内部へと取り込む。ユビキチンを認識し，タンパク質全体を処理するためには，より大きなキャップ構造（図示せず）が両端に付加される。（5,000,000 倍）

ン鎖の結合したタンパク質を中央の部屋へと引き入れる。するとタンパク質は小さな断片に切断されて，再利用されることになる。

DNA の修復

　私たちの分子機械は，活性化合物による崩壊，熱による変性，あるいは紫外線による分解などのように，常に環境からの攻撃にさらされている。多くの場合，これらの分子機械は破壊され，その機能を遂行することができなくなる。細胞は，タンパク質が損傷した場合にはそれを捨てればよいが，DNA の場合はそうはいかない。DNA は細胞の生命を司り，子孫に伝えるための不可欠な情報を含むため，完全な状態に保たれなければならないからである。細胞は，この情報が失われないように，DNA を損傷から守り，たとえ損傷しても修復するためのさまざまな手段をもっている。

　太陽光は DNA にとって大きな脅威である。日光に含まれる紫外線は DNA のヌクレオチドを攻撃するのに十分な力をもっている。紫外線で最も危険な波長（UVC）は成層圏のオゾンによって取り除かれるが，それより長い波長の紫外線（UVA と UVB）は大気圏を通過し，通過後も DNA に化学的変化をもたらすのに十分な破壊力をもっている。紫外線はチミンヌクレオチドとシトシンヌクレオチドの間にある二重結合によって吸収され，その結果，隣接するヌクレオチドとの反応を誘発する（図 7.3）。隣接するヌクレオチドもチミンかシトシンの場合には，その 2 つのヌクレオチド間に結合が形成され，それらは 1 つになる。この異常な結合は DNA 鎖を屈折させて歪ませるため，DNA ポリメラーゼが DNA 鎖を複製する際に問題となる。特に，隣接した 2 つのシトシンが結合すると，多くの場合に突然変異となる。これは，通常であればシトシンの相手としてグアニンを選び塩基対を形成する DNA ポリメラーゼが，この壊れた塩基に対しては誤ってアデニンとのペアを形成しようとするからである。後述するように，これは癌のような重大な病気の原因となる。

　紫外線による損傷は珍しいことではない。太陽に 1 秒さらされるごとに，皮膚細胞 1 個あたり 50 〜 100 ものこうした不自然な結合が形成される！　そのため，細胞がこうしたエラーを修復する効果的な方法を備えていることは驚くにあたらない。私たちの細胞は，ヌクレオチド除去修復と呼ばれる過程を用いている。これには多くの酵素のはたらきが必要である。そのいくつかは問題となる結合によってつくられた屈折と歪みを認識し，またその他の酵素は DNA の歪んだ箇所を切り取り，残りは損傷領域の新しい複製をつくる。この過程全

体は，二本鎖DNA自体は切断されず，損傷した片側の鎖はもう一方の正常な鎖を鋳型として再構築できることを前提としている。微生物やある種の動物では，損傷を受けた2つの塩基を探し出し，直接修正するという方法をとるものもある。例えば，**図7.3**に示したDNAフォトリアーゼは，損傷を受けたDNAに結合して，2つの融合した塩基を開裂させる。皮肉にも，この酵素の

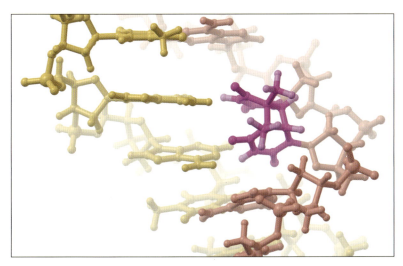

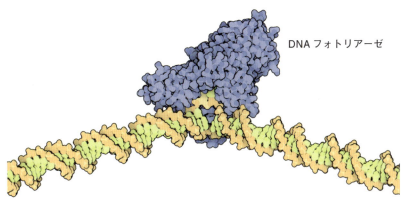

DNAフォトリアーゼ

図7.3 DNAフォトリアーゼ DNAフォトリアーゼは損傷を受けたヌクレオチドをもつDNAに結合して，ヌクレオチド間にできた不自然な結合を切断する。この修復方法は手荒いもので，(DNA鎖の)損傷部分をねじって，通常は内側を向いている塩基を外側に出し，酵素活性部位の小さなポケット内に引き込んで反応を行う。上には損傷した塩基部位の拡大図を示す(この球と棒によるモデルでは，原子どうしの結合は棒で示している)。赤紫色で示された異常な形で結合した2つの塩基が，どのように通常の塩基対パターンを乱し，DNAに歪みを与えているかに注目してほしい。下は，この酵素タンパク質がDNAに結合して修復している様子を示す。(上：40,000,000倍，下：5,000,000倍)

反応は紫外線ではなく，可視光で行われる。

長く繊細なDNA鎖もまた容易に壊れる。呼吸酵素と同様に，X線やガンマ線もDNA切断の原因となる危険な活性酸素（詳細は後述）をつくる。ポリメラーゼとトポイソメラーゼが間違いを起こしてDNAの切断が起こることもある。加えて，時に細胞は故意に自身のDNAを破壊する。例えば，異なる抗体を産生するために遺伝子をシャッフルするときがそうであり，DNA鎖の再結合時には間違いが起こりやすい。重要な遺伝子では1つのDNA鎖に損傷が起こるだけで細胞は死んでしまうため，細胞には損傷を修復しゲノムを無傷の状態に保つ手段がある。

相同組換えはDNAの切断を修復する基本的な方法である。それは各細胞が1対の2本鎖DNAをもつという事実に基づいている。切断部は相同的な2本鎖DNAを鋳型として用いることで修復される。この過程には対合と呼ばれる重要な段階があり，2つの相同的な2本鎖DNA ——損傷したDNAと鋳型となる正常なDNA ——は完全に対応する位置関係で並べられる。正常な2本鎖DNAはほどかれて損傷したDNA鎖と対をつくる。そして，この対を形成した状態で，損傷によって失われた断片が再生され，切断されたDNA鎖は再びつなげられる。この驚くべき過程は，私たちの細胞ではRad51タンパク質（図7.4）によって，細菌ではそれと類似のRecAタンパク質（図4.6）によって行われる。これらのタンパク質は，DNA鎖を取り巻く長いらせん状のフィラメントを形成し，対合するDNAを密着させて位置関係を完璧に保つ。

これとは別に，正確さには欠けるものの，鋳型を必要としない切断の修復方法もある。これは非相同末端再結合と呼ばれ，外部の情報なしで直接的に切断を修復する。この過程は，切断により生じたDNA末端に2つのタンパク質がそれぞれ結合し，両末端を引き寄せることから始まる。そして，特異的なヌクレアーゼとポリメラーゼが末端を整え，ヌクレオチドの欠損があればそれを満たして再結合の準備を行う。最終的に，DNAリガーゼが両末端を再結合する。末端を整える過程でいくつかのヌクレオチドが失われる可能性があるため，この修復方法は潜在的に遺伝情報の危険な変異につながることもありうる。しか

図7.4　DNA鎖の組換え　Rad51タンパク質はDNA鎖に巻きつくらせん型構造を形成する。このイラストにおいて，DNAの1本鎖（赤）は，同じ塩基配列をもつ2本鎖DNA（黄）と対をつくる。それぞれの鎖はRad51の上部から入り，複合型三重らせん構造を経て鎖を交換し，新しい組み合わせとなって下から出る。（5,000,000倍）

DNA の修復　115

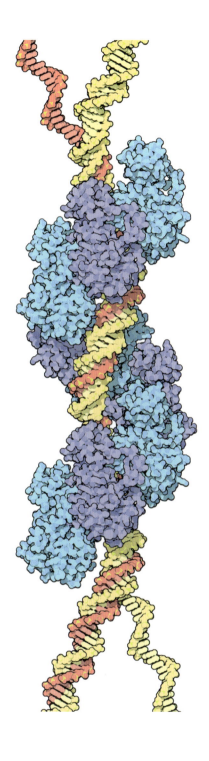

し，細胞にとって致死を意味する DNA 切断の状態よりはましである。

テロメア

　DNA 鎖の末端はいくつかの重大な問題をかかえている。まず，DNA は末端からほどかれるため，劣化しやすい。また，DNA ポリメラーゼは DNA を末端まで複製することが難しく，そのため複製を行うたびに DNA はだんだんと短くなってしまう。この問題に対して，多くの細菌は DNA を大きな環状にし，DNA 末端を完全になくすことで解決した。一方，私たちの細胞は 46 本の線状の DNA 鎖をもつため，各末端を保護する必要がある。

　この問題を解決するために，私たちの DNA の各末端にはテロメアと呼ばれる特別なヌクレオチド配列がある。テロメアは GGGTTA という配列が約 1,000 回も反復している。1 組の特別なタンパク質はテロメアと結合して環状にすることによって末端をなくし，それを DNA 切断酵素から保護する。また，テロメアは DNA の短小化という問題を解決する。DNA が複製され細胞が分裂する際，各末端のテロメアは 50 〜 100 塩基を失う。しかしながら，その後，テロメラーゼという酵素がテロメアと結合し，酵素内部にある RNA の鋳型を用いて反復配列の新しい複製をつくり，テロメアを延長する。テロメアは反復配列であるため，短くなった分が十分に補充されるかぎり，どのくらい加えられたかはたいした問題ではない。

　胚細胞や幹細胞，例えば生涯にわたってたえず血液細胞をつくり出す造血幹細胞などには，複製の際に DNA を守るため，活性のあるテロメラーゼがある。ところが，それ以外の細胞のほとんどは，このテロメアを延長する能力を不活化している。そのため，例えば成人のヒト線維芽細胞は約 60 回の細胞分裂を行うと，その後は回復できないほどの損傷が起きて細胞は死ぬ。このことは細胞増殖に関する安全弁となり，私たちを癌から守るのに役立つかもしれない。つまり，もしも一群の細胞が無制限に増殖し始めても，テロメアが徐々に短くなくなっていき，数十世代もたてばすべて死にたえるからである。

プログラム細胞死

　傷ついた細胞が死ぬとひどい混乱を引き起こす。こうした細胞は膨らんで破裂し，細胞の中身がこぼれ出て，周囲の組織を汚してしまう。リソソーム（消

化を行う細胞内小器官）も損傷を受けて分解酵素が放出されるだろう。体は免疫細胞を使って局所に炎症を起こし，周囲の健常な組織にあまり損傷を与えずに混乱をおさめようとする。

　こうした厄介な問題を避けるために，私たちの細胞には，すばやく小ぎれいに自殺する方法が組み込まれている。この方法はプログラム細胞死またはアポトーシスと呼ばれる（図7.1）。アポトーシスが起きると，細胞は順序だった方法で自身を分解し，分解物が再利用されるように免疫機構に通知する。細胞はさまざまな理由によってアポトーシスを起こす。細胞が損傷を受けた場合——例えば，DNAが多くの箇所で切断された場合や，ウイルスに感染している場合——にプログラム細胞死が始動する。プログラム細胞死は個体発生においても重要である。例えば，私たちの指はまだ胚であった時期にプログラム細胞死によって形成される。指先にあたる部分は，最初は平たいヒレのような突起物として形成され，そのあと指の間を切り離すためにその部分の細胞が死滅する。これはオタマジャクシがカエルへと成熟するときに尾部を失うのと類似した過程である。また，異常な成長を示す細胞は死ぬことを強制されるため，癌から身を守るという面においてもアポトーシスは重要な役割を果たしている。

　もちろん，この生死にかかわるシステムには，適切なチェック機構と調和が必要であり，どうしても必要なときにのみアポトーシスを作動しなくてはならない。アポトーシスは，Bcl-2タンパク質ファミリーとして知られる一群の検閲タンパク質によって可否が判断される。これらのタンパク質のいくつかは生存促進派であり，細胞が正常で有用であるときに優位となり，アポトーシスを開始する信号を抑制している。しかし，DNAの損傷や感染が見つかった場合や，細胞が周囲の細胞から離れた場合には，次のタンパク質群が細胞に死を宣告する。

　カスパーゼはプログラム細胞死の直接の執行人である（図7.5）カスパーゼは通常の消化酵素に似たタンパク質分解酵素群であるが，通常の消化酵素よりもはるかに選択的で，細胞を段階的に少しずつ破壊するように，その標的は慎重に選択される。細胞分裂のカギをにぎる調節タンパク質が破壊されると分裂は停止し，DNAポリメラーゼが破壊されると新たなDNA合成は停止する。例えば核の周辺で膜を支えるラミンのような構造タンパク質は切断され，分解される。迅速な処理を進めるために，細胞表面上の接着タンパク質は切断され，細胞は周囲の細胞から切り離される。最終的に，細胞は細胞膜がわずかに変更されたあと，周囲の組織へ吸収されて，再利用される準備が完了したという信号を送る。

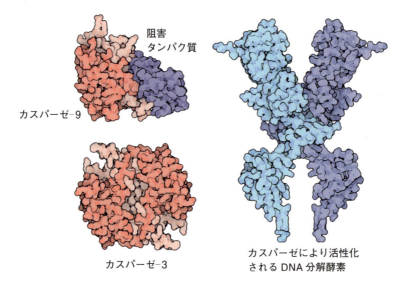

図 7.5 カスパーゼ プログラム細胞死が始まると，カスパーゼはタンパク質を秩序だって次々に分解する。カスパーゼ-9 はイニシエーター（開始）カスパーゼであり，通常は小さな阻害タンパク質（紫）によって不活性の状態に保たれている。プログラム細胞死が始まると，この阻害タンパク質は除去され，カスパーゼはカスパーゼ-3 など，他のいくつかのエフェクターカスパーゼに小さな切れ目を入れる。こうして活性化されたエフェクターカスパーゼは細胞内のタンパク質を攻撃する。またカスパーゼは，DNA 分解酵素のような，他の破壊的な分子機械も活性化する。DNA 分解酵素は，上部にある大きな溝で DNA 鎖をつかみ，DNA を小さな断片に切断する。(5,000,000 倍)

癌

　新しい細胞の増殖は，その組織全体の許可と協力を必要とするような，厳しく制約された現象である。細胞は常に互いに連絡を取り合い，新しい細胞が必要であるかを随時決定している。皮膚や血液，消化器系などの組織はたえず新しい細胞を必要とし，消耗し，失われた細胞は補充される。一方，脳の組織などは，こうした更新があまり必要なく，細胞はめったに分裂することがない。通常，細胞は互いの情報交信と制御のもとに，それぞれの組織を健康かつ活発に保つのに必要な分だけ分裂する。しかし，この情報交信が破綻すると，異常な細胞が無制限に増殖し，癌を発症する。

　私たちの体には癌に対する数多くの防護策が備わっており，細胞が癌化するには多くの変化を必要とする。癌細胞になるには，周囲の細胞や自身の細胞内部から発せられる「増殖しないように」と告げる多くのシグナルを，すべて無視する必要がある。また，異常増殖する腫瘍にさらなる栄養分と酸素を供給す

るために，周囲の細胞を納得させながら，新しい血管を敷設する必要もある。とりわけ，浸潤癌は運動や消化のための通常の分子機械を浸潤用につくり変え，それを使って周囲の組織に侵入あるいは血流に乗って体の離れた場所へと転移する。

　これらの癌細胞への変化のすべては，癌細胞の特定のタンパク質の変異体，もしくはカギとなるタンパク質を過剰につくりすぎたり，不足させたりすることに起因する。これらのタンパク質をコードしている遺伝子は，こうした癌とのつながりのために，しばしば癌遺伝子と呼ばれる。例えば，数多くの癌細胞で見出される最も中心的な癌遺伝子の1つは，p53癌抑制タンパク質の変異体である。変異のない正常なp53タンパク質は，細胞の異常増殖の原因となるDNA損傷や，その他の変化を監視している。p53が損傷を見つけると，細胞分裂を途中で停止させ，場合によってはアポトーシスを引き起こすことさえある。ところがp53遺伝子に変異が起きると，p53タンパク質は癌抑制能を失ってしまうため，その細胞は癌化して無制限に増殖する。変異が起きることで癌遺伝子に変化しやすい他のタンパク質には，隣接細胞の連絡を担うシグナル伝達タンパク質（図7.6）や細胞表面の接着タンパク質，細胞間の結合組織を切断するプロテアーゼなどがある。

　私たちの一生は遺伝子の真新しいセットをもって始まり，それらのすべては組織を正常に維持し，身体を成長させる。しかし，遺伝子は日光や化学物質によってたえず攻撃されるため，私たちが成長するにつれて，DNAにランダムな突然変異が起きる。前述のように，これらの突然変異の多くは，私たちのもつ修復機構によって修正されるが，一部はその修復をすり抜けてしまう。多くは無害であるが，年齢を重ねれば重ねるほど，そうした変異がより多く積み重なっていく。もしもいくつかの突然変異が，同一の細胞でまさに都合のよい組み合わせで起こると，癌細胞を生じ腫瘍へと増殖する。

　基本的に，癌細胞は悪くなってしまったヒト細胞であるため，癌治療はとりわけ困難である。外科治療や放射線治療は，損傷した細胞を単純に取り除くか焼き払うという意味で，最も直接的な治療法である。化学療法はこれらとは異なった方法であり，抗癌剤は癌細胞と通常の細胞の違いを利用しようとする。しかし，残念ながら両者の差はわずかであるため，現在用いられている抗癌剤のほとんどは，癌細胞の主要な特性である増殖の速さを利用する。これらの薬剤はDNAの複製阻害や2つの娘細胞を切り離す機構を妨害するなど，細胞分裂の異なる側面を攻撃する。これらの化学療法は癌細胞に効果的なダメージを与えることができるが，その反面，活発に増殖する正常な細胞（例えば毛根の細胞や消化管に沿って並び消化管を保護する細胞）も殺してしまうといった重

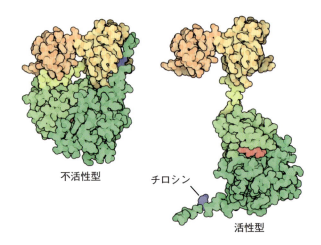

図7.6 src 癌遺伝子 Srcタンパク質は，細胞表面の受容体からの信号を中継して伝え，細胞構造，細胞間信号伝達，細胞増殖などを制御するタンパク質を活性化する．左に示すように，通常の不活性型のSrcタンパク質は丸くなって閉じた形をしている．しかし，細胞表面からの情報を受けると，特定のアミノ酸チロシン（青）からリン酸基が取り除かれる．これによりタンパク質は広げられ，酵素として活性化される．Srcタンパク質はリン酸基の供給源としてATP（赤）を使用しながら，リン酸基を他の標的タンパク質に付加することによって，信号をタンパク質からタンパク質へと次々に伝えていく．信号を伝え終えると，広がったタンパク質は折りたたまれて元に戻り，次の情報を待つ．しかし，癌細胞においては多くの場合src遺伝子が変異している．すなわち，肝心のチロシンが変異するか，もしくはチロシンを含む尾部が欠失してしまうため，Srcタンパク質は丸く閉じることができなくなる．その結果，変異型Srcタンパク質は常に活性化されることとなり，細胞は無制限に増殖し続ける．（5,000,000倍）

篤な副作用を伴うという欠点がある．

老化

　私たちが生まれたときには，細胞は真新しく，ゲノムの設計図にしたがって機能している．しかし，年齢を重ねるにつれて，私たちの分子，細胞，体は老いて効率が悪くなり，最終的に機能不全や死に至る．ご想像の通り，老化は医学研究において熱心に研究されるテーマであり，老化現象を遅らせるための方法が模索されている．しかし，こうした取り組みにもかかわらず，まだ不明な点の多い研究分野である．それでも，いくつかのカギとなる発見により，主要な因子のいくつかが明らかになってきた．例えば，さまざまな種類の動物を比較してみると，寿命の最大値は体の大きさや代謝速度と関係があることがわか

る。小さな動物の代謝は非常に速いため，早く年老いて，大きな動物に比べて寿命が短い。この老化の主要な原因は，ゆっくりとではあるが着実に蓄積する活性酸素による損傷であることが，最近の研究によって明らかになった。

　私たちの細胞は，呼吸における電子の最終的な受容体として酸素を利用することにより，酸素なしで取り出せるエネルギー量よりもはるかに多くのエネルギーを食物から取り出すことができるようになった。しかしながら，呼吸過程の反応では過酸化物とヒドロキシルラジカルのような反応性が高い危険な酸素誘導体が形成される。時には，それらの誘導体が完全に水分子へと変化する前に，毒性を保ったまま呼吸鎖の酵素から漏れ出てしまう（図7.7）。これらの

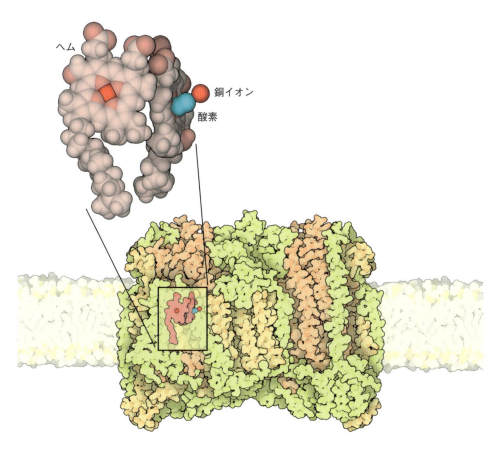

図7.7　シトクロムc酸化酵素　シトクロムc酸化酵素は活性酸素産生の主犯格である。活性酸素の生成は呼吸の最終段階で行われ，食物の分子から取り出された電子を酸素に受けわたす。この酵素はミトコンドリアで見られる大きなタンパク質複合体である。活性部位はタンパク質の奥深くにあり，反応はいくつかのヘム分子と銅原子の助けによって進行する。酸素分子は青で示す。（上：20,000,000倍，下：5,000,000倍）

毒性分子はタンパク質とDNAを攻撃し，損傷を与えたり突然変異の原因になったりする。また，細胞膜を構成する脂質を攻撃することで，他の分子を連鎖的に攻撃し続ける活性型を形成する。これが目に見える形で現れたものが，老化した皮膚にできる「しみ」である。皮膚のしみは，通常の脂質が過酸化作用を受けて黒くなったリポフスシンでできている。

　酸化は小さな問題ではない。私たちの呼吸システムは最も活発な分子システムの1つであり，その副産物として細胞を通して活性酸素がたえず放出される。幸いにも，体はこのたえ間ない脅威から身を守る有効なメカニズムをもつ。体の防衛の最前線には，活性酸素を探して解毒する一連の酵素が待ち構えている。これらの酵素群には，超酸化物（余分な電子をもった酸素：スーパーオキシド）を破壊するスーパーオキシドジスムターゼと過酸化物を破壊するための2つの酵素が含まれる（図7.8）。この過程においては，いくつかの抗酸化作用

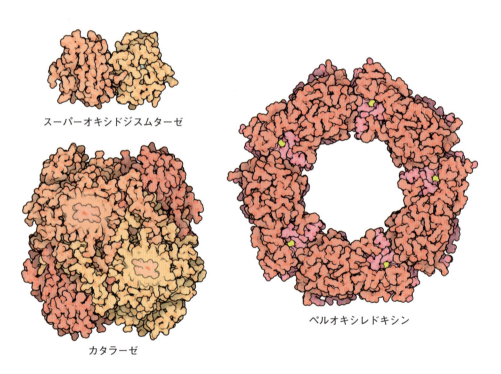

図7.8 抗酸化酵素 私たちの細胞は活性酸素を解毒する酵素をいくつかもっている。スーパーオキシドジスムターゼは超酸化物（スーパーオキシド）の毒性を除き，カタラーゼとペルオキシレドキシンは過酸化水素を分解する。これらの各酵素は，反応において特別な化学ツールを用いる。スーパーオキシドジスムターゼは銅と亜鉛原子を（図では活性部位に1個示されている：青），カタラーゼはヘム分子に囲まれた鉄イオンを，ペルオキシレドキシンはアミノ酸システインの反応性硫黄原子（黄）を使用する。（5,000,000倍）

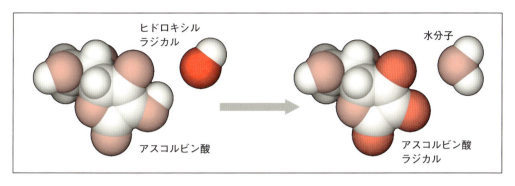

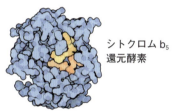

図7.9　ビタミンC　ビタミンCはフリーラジカル分子と1対1で戦う（フリーラジカルはとりわけ反応性の高い不対電子をもつ分子である）。上は，ビタミンC（アスコルビン酸）が水素原子をヒドロキシルラジカルにわたす様子を示す。これによりビタミンCはフリーラジカルとなるが，ヒドロキシルラジカルよりもはるかに安定しており，他の生体分子を簡単には攻撃しない。ラジカルとなったビタミンCはシトクロムb_5還元酵素（下）のような還元酵素によって解毒され，水素を取り戻して元の状態に戻り，再びヒドロキシルラジカルと戦うことができるようになる。タンパク質は青，反応を支える2つの分子はオレンジと黄で示した。（上：40,000,000倍，下：5,000,000倍）

のある小分子も補助的に作用する。細胞内の水分で満たされた区画において，グルタチオンとビタミンCは活性酸素などのフリーラジカルに対して1対1の戦いを挑み解毒する（**図7.9**）。しかし，活性酸素は膜での溶解度がより高いため，この活性を失わせるために膜結合型ビタミンAとビタミンEがはたらく。この点は生体にとって非常に重要であり，そのため私たちの細胞はビタミンEを脂質100分子ごとに1分子の割合でもっている！

ビタミンA，C，Eといった抗酸化物質を体にたくさん取り込めば，簡単に老化現象を遅らせることができるのではないかと思うかもしれない。このアイディアを検証するために，多くの研究が行われたが，残念ながら結果は否定的であった。生まれつきの障害で，これらの抗酸化物質が最適濃度以下である人の場合，たしかにサプリメントは著しい効果を示し，活性酸素による損傷を減

じて老化を遅らせる助けとなる。しかし，人間は通常の濃度の抗酸化物質によって防護が最大化するように進化したようであり，抗酸化物質の過剰摂取はあまり助けにならないようだ。

しかし，これとは別に老化を驚異的に遅らせる要因が見つかっている。多くの動物は食餌を極端に制限されると寿命が顕著に延びて，時にはそれが2倍にもなる。動物には通常の生存と成長に必要な栄養分を含んだ食餌を与えているが，カロリー量はかろうじて生存できる程度にまで減らすのである。食餌制限がなぜ有効なのかという理由に関してはまだ論争中であるが，その解釈の1つは活性酸素による損傷と結びつけられている。つまり，カロリー制限食で代謝が遅くなり，酸素消費量が減少し，呼吸鎖酵素から漏れ出る活性酸素が減少するからであると。

死

ランダムハウス辞典によると，死とは「動物または植物の生体機能すべての完全かつ永続的な停止」と定義されている。しかし，高度な医療技術をもつ現代においては，むしろ死はそれほど明確な概念ではない。溺れた人や心筋梗塞の患者など一見死んでいるかのように見える人も，心肺蘇生術によって息を吹き返すかもしれないし，大手術の際には脳を保護するために薬剤を使って，昏睡状態（一時的な死に似た状態）にすることもある。もちろん，誰でも生きている状態の動物を知っている。つまり，心臓が拍動し，呼吸し，痛みや暑さ寒さに対して反応する状態である。また反対に，動物が死亡すると腐敗が始まることも容易にわかる。しかし，実際の死の瞬間を定義することは，まだ謎につつまれたグレーな領域にとどまるのである。

しかし，死についての正確な定義は社会的に不可欠であり，そこには法的・倫理的な理由がある。私たちは慣習的に葬式を執り行い，財産の整理を行うために，ある人がいつ死んだのかを知る必要がある。さらに，現代社会においては臓器移植のために臓器を用いる可能性もあり，死亡時間の確認は滞りなく行わなければならない。ハーバード大学医学部の委員会は，1968年に現在も使用されている正確な死亡時刻の定義を提唱した。その委員会では，すべての脳機能を非可逆的に喪失したときをもって「死の時点」とした。この定義なら脳におけるすべての電気的反応および血液循環の喪失をもって確認できる。この判断の背景とする論理は単純であり，人間の重要な側面のすべて——思考，記憶，人格，身体制御能力——は脳活動に基づくとする考え方である。このよう

な人間的な能力が失われたとき，人は「死んだ」とされるわけである。

死後，体はまたたく間にエントロピーの力に屈する。代謝活動のなごりが尽きてしまうと，死体は1，2日の間に冷え切ってしまう。筋肉は死後硬直によって動かなくなり，カルシウムとATPのすべてが使い果たされて，細胞全体で均一になると弛緩する。それから，あらゆる形態の調節と保護が失われるにつれて，死体は分解されて腐敗する。ほとんどの人間社会の文化には，腐敗がひどくなりすぎる前に，火葬や防腐処理，埋葬などのような遺体を適切に処理する方法がある。

しかし，体の中には死後も長く残る部分がある。骨や髪の毛は数年，あるいは数世紀にわたって残るかもしれないが，それらの中にすでに生命はない。もしそれらが化石となれば，その痕跡は何千年間も残ることになる。このことを利用して，研究者たちは何千年も前に死んだ生物の化石から生体分子の痕跡を探し出し始めた。この方法は，遺物がとりわけよく保存された一部の特殊なケースでは成功を収めている。例えば，4万年前に生きたネアンデルタール人の骨から取り出されたDNAの短い断片は，私たち現世人類に至る系統樹の欠落部分を埋める手助けとなった。このようなDNA考古学は，私たちの遠い祖先を垣間見せてくれ，心の世界に彼らを甦らせてくれる。

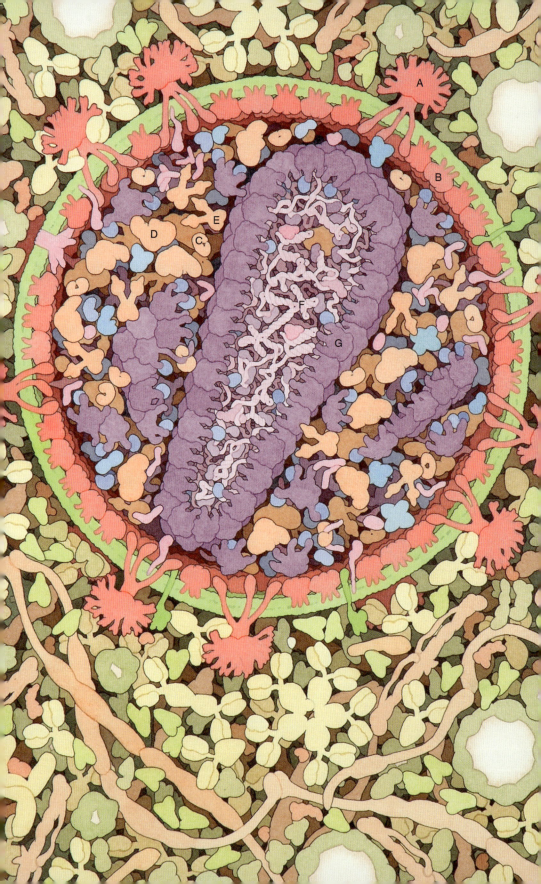

＃ 第8章
ウイルス

　あなたが風邪，水痘，おたふくかぜ，はしか，インフルエンザなどの病気に罹ったことがあるのなら，あなたはウイルスによって攻撃されたのだ。ウイルスは私たちの生物学的環境に常に存在する脅威である。私たちにはその脅威から身を守る強力な方法があるにもかかわらず，ときにウイルスのほうが優勢になり，人々の命を危険にさらす。

　ウイルスは完全に利己的な存在である。ウイルスは細胞に侵入すると，細胞の正常な機能を乗っ取り，多くのウイルスを生産する作業を行うように強要する。多くの場合，細胞はこの過程で死滅する。本章で描かれる3つのウイルスを見ると，この現象が驚くほど簡単に行われていることがわかる。ウイルスは次の2つのことができればよい。つまり，自身の新しい複製をつくるしくみを用意することと，標的細胞に侵入し，増殖後にそこから飛び出す手段をもつことである。

　ウイルスは自身の新しい複製をつくるのに，最小の投資（分子機械）だけですむ単純な方法を用いる。必要なことは，まずウイルスのもつ伝令RNA（mRNA）の複製物を標的細胞へ注入することである。このmRNAは，ウイ

図8.1　HIV　ヒト免疫不全ウイルスはヒトの細胞に感染して，それを死滅させるのに必要なだけの少数の分子から構成される。ウイルスは感染細胞から盗んだ脂質膜によって覆われている。膜にはウイルスが次に感染する細胞を認識するためのタンパク質GP120（A）が埋め込まれており，内側からはマトリックスタンパク質（B）で裏打ちされている。ウイルス内部にはHIVプロテアーゼ（C），逆転写酵素（D），インテグラーゼ（E）を含むいくつかの酵素が詰め込まれている。HIVのゲノムを運ぶ2本のRNA鎖（F）はカプシドタンパク質（G）でつくられた錐体状の容器に納められている。（1,000,000倍）

ルスの構成要素をつくり，組み立てるのに必要なタンパク質に関する情報のすべてをコードしている．ここで本当に必要なものは，成熟したウイルスの外殻となるタンパク質と，自身のRNAの新しい複製をつくるのに必要ないくつかのタンパク質である．大部分のウイルスは，RNAからタンパク質を合成するのに必要な分子機械の情報はもたずに，標的細胞にもともと存在するリボソームや転移RNA（tRNA）などをそっくり借用することですませてしまうのである．

　ウイルスRNAを細胞内に注入する際，ウイルスは私たちの細胞で通常起こっている遺伝情報の正常な流れ——DNAからRNA，RNAからタンパク質へ——を無視してしまう．例えば，ポリオウイルスとライノウイルスはDNAを経由せずに，次のような近道をする．これらのウイルスは特殊なRNA依存性RNAポリメラーゼ[訳注1]をつくるよう指示するウイルスRNAを細胞に注入する．このポリメラーゼはウイルスのRNA鎖を鋳型にしてRNA鎖をつくる．つまりDNAをまったく必要とせずに，ウイルスRNAが直接複製され，新たなウイルスRNAが多数つくられるのである．さらに，ヒト免疫不全ウイルス（human immunodeficiency virus: HIV）（図8.1）になると，もっと変わったやり方を使う．HIVもRNA分子を細胞へ注入するが，その後は逆転写酵素を用いて，ウイルスRNAを鋳型としてDNAをつくり出す．そして，感染細胞の分子機械一式を強制的にはたらかせて，ウイルスDNAからウイルス用のmRNAとタンパク質を合成する．また，その他のウイルスは，あらゆる組み合わせを用いる．ある種のウイルスはRNAを注入し，別種のウイルスはDNAを注入する．しかし，どの場合もすべて最終的にはウイルスのタンパク質をつくるのに必要なmRNAに至るという点では共通している．

　目標を定め，侵入し，脱出するという3点セットはすべて，成熟ウイルスを包む容器によって実行される．この容器から，ウイルスの広い多様性を見ることができる．その範囲は，ポリオウイルスのように完全に対称なカプシドで覆われた小さなものから，HIVや天然痘ウイルスのように膜に囲まれた構造をもつ大きなサイズのものまでさまざまである．ウイルスは表面から突き出したタンパク質の種類を変えることによって異なる標的細胞を認識し，攻撃に対して最も従順な細胞にだけ感染する．ウイルスの他の種類のタンパク質は協働してウイルスの細胞からの脱出を制御する．脱出には2つの方法があり，1つは細胞を新しいウイルスでいっぱいに満たして破裂させる方法であり，もう1つは細胞表面から1つずつウイルスを出芽させていく方法である．後者の場合，

訳注1）RNAを鋳型鎖としてRNAを複製するRNAポリメラーゼ．

ウイルスが放出されるにつれ、細胞の資源はゆっくりと使い果たされていく。

そのうえ、多くのウイルスは細胞の正常な機能を解体させるいくつかのタンパク質をつくり出す。これらのタンパク質の一部は細胞の防衛機構を阻害し、他のものは細胞固有のタンパク質合成を停止させ、ウイルスのタンパク質だけをつくるように変更させる。例えば、私たちの細胞にはウイルスに対する根本的な防衛法があり、ウイルス由来の風変わりなRNAを認識して、感染細胞でのタンパク質合成を停止させるPkr（RNA誘導性タンパク質キナーゼ）と呼ばれるタンパク質が用意されている。これによってすべてのタンパク質合成が停止し細胞は死滅するが、同時にウイルス生成も止まる。しかし、多くのウイルスは、Pkrだけを特異的に無効にするタンパク質をつくり出し、タンパク質合成装置を動かして、より多くのウイルスをつくり出すことで反撃する。

意外にも、これらのわずかな成分——RNAとタンパク質で構成された大きさがリボソームほどの時限爆弾——が、細胞を乗っ取るのに必要なもののすべてである。しかし、ウイルスは単独では増えることはできないし、細胞の分子機械なしでは何もできない。ウイルスは自身のアミノ酸、ヌクレオチド、タンパク質などをつくることができない。ウイルスは盲目の攻撃者であり、不運な細胞のどれかにぶつかるまでは不活性なのである。

ポリオウイルスとライノウイルス

ポリオ（急性灰白髄炎）の病原体であるポリオウイルスと、風邪の原因ウイルスの1つであるライノウイルスは、ヒト細胞を攻撃する最も単純な種類のウイルスである。これらは、約7,500個のヌクレオチドからなる1本鎖RNAが、対称的に並んだ外殻タンパク質に包まれている。一見これらのウイルスは単純に見えるが、非常にすばやく、かつ情け容赦なくふるまう。例えば、ポリオウイルスは4～6時間で細胞を乗っ取り、細胞の正常なタンパク質合成を停止させ、10,000～100,000もの新しいウイルス個体をつくることを強要する（図8.2）。

ポリオウイルスとライノウイルスが原因で発症する病気が大きく異なるのは、それぞれのウイルスの外殻タンパク質に見られる小さな差異に由来する。ウイルスを食物と一緒に飲み込んだり、エアロゾルとして吸い込んだりしたとき、これら2種類のウイルスは異なる場所に感染する。ポリオウイルスの外殻タンパク質は胃の中の強い酸性の環境でも十分に安定なため、そこに感染し、リンパを通って体中に広がることができる。一方、ライノウイルスは酸に弱いので、

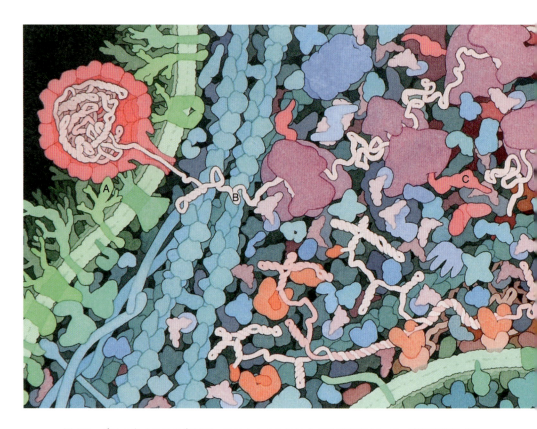

図 8.2　ポリオウイルスの生活環　ポリオウイルスはその生活環において，感染細胞にすでに存在する分子機械の多くを利用する。ウイルスは細胞表面上にある糖タンパク質（A）を見つけると，それに結合してウイルス RNA（B）を細胞内部に注入する。次に，細胞のリボソームは注入された RNA からウイルス用の長いポリタンパク質（C）をつくる。このポリタンパク質からは，ウイルスのプロテアーゼ（D）によって，いくつかの機能するタンパク質が切り出される。驚くべきことに，このプロテアーゼがまず，自分自身によってポリタン

ポリオウイルスとライノウイルス　　131

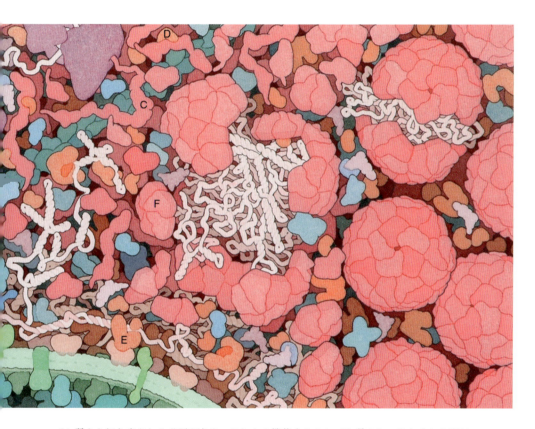

パク質から切り出される必要がある．これらの機能するタンパク質の1つはウイルスRNAを鋳型として，多くの複製RNA鎖をつくることのできる特別なポリメラーゼ（E）である．以上の合成過程を繰り返すことにより，大量のウイルスRNAとカプシドタンパク質（F）がつくられ，これらは成熟したウイルスへと自動的に組み立てられ，最後は細胞から飛び出していく．（1,000,000倍）

酸性環境ではない喉や鼻に感染する．この不安定性のために，ライノウイルスの感染は狭い範囲に限定されるが，それに対する防衛策として，私たちは鼻が詰まったり，鼻水を流したりしてウイルスを排除しようとする．それとは逆に，ポリオウイルスの場合はその高い安定性によって，体の重要な深部にまで侵入することができる．ポリオウイルスに感染した大部分の人は高熱だけにとどまるが，一部の患者ではウイルスが根強く居座り，神経細胞と脳に深刻なダメージを与える．

ポリオウイルスとライノウイルスのゲノムはとても小さく，わずかな種類のタンパク質しかコードしていない．それらは，カプシドを形成する4つのタンパク質，ウイルスのタンパク質を正しい長さに切断する2つのプロテアーゼ，ウイルスのRNAを鋳型として新規のRNA鎖をつくるRNA依存性RNAポリメラーゼ，およびその過程を支援する少数の小型のタンパク質に限られる．しかし，これらひと握りのタンパク質は，それぞれのウイルスの生活環（最後には感染細胞の死と何千ものウイルスの放出をもたらす）を制御するのに必須なものばかりである．

ウイルスの生活環は細胞表面で始まる．ウイルスは標的細胞にぶつかっても，その表面にある特定の受容体分子を見つけるまではランダムに漂っている．ポリオウイルスは抗体に似た受容体を探し，ライノウイルスは細胞表面のタンパク質に付着したシアル酸炭水化物を探す．ウイルスのカプシドには，これら細胞表面の受容体を認識するくぼみ（ポケット）があり，ここで結合してウイルスを細胞表面に付着させる．この結合が引き金となり，ウイルスは外皮の構造を変化させ，細胞膜を通してウイルスRNAを細胞に注入する．RNAが細胞内に入ると，細胞のリボソームはそのRNAを長いポリタンパク質へと翻訳する．このポリタンパク質は，ウイルスのすべてのタンパク質が数珠つなぎになった巨大タンパク質である．このポリタンパク質から，最初に2種類のプロテアーゼが自己触媒的に切り出されたのち，それらが他の残りのタンパク質を切り離していく．そして，ウイルス本来の活動が開始される．

新しいウイルスのポリメラーゼは，細胞に蓄えられたヌクレオチドを使ってウイルスRNAの新しい複製をすばやく開始する．そのとき，VPgと呼ばれる小さなウイルスのタンパク質がRNAの一端に付着し，ウイルスRNAの複製を促進する．ウイルスのプロテアーゼの1つは，細胞で使われているタンパク質生合成の開始因子を探しだして，それを半分に切断する．この開始因子は，細胞のmRNAからタンパク質を合成するのに不可欠であるため，これによってすべての正常なタンパク質合成が停止する．しかし，この開始因子はウイルスのタンパク質合成には必要でなく，リボソームはすべてのエネルギーをウイ

ルスのタンパク質合成のために使うようになる。ウイルスのRNA分子の数が増え，それらから生み出されるカプシドタンパク質が増加するにつれて，自発的に新しいウイルスが組み立てられる。それぞれの新生ウイルスには，タンパク質の外皮の中に新規のRNA分子が包み込まれる。ウイルスのポリメラーゼとその付属タンパク質は細胞内に残されるが，それは単にカプシド内にRNA以外のものを入れるスペースがないからである。最終的に細胞は破裂し，新しく生まれたウイルスたちは，他の細胞に感染するためにどっと飛び出していく。こうして次の生活環が再び始まる。

インフルエンザウイルス

インフルエンザはこれまで人々の命に甚大な被害を与えてきた。インフルエンザは毎年の脅威であり，気候が寒くなり，私たちの防衛力が弱まると流行する。とりわけ，数十年ごとに強力なウイルス株が出現し，大流行が世界を襲う。大流行のなかにはきわめてひどいものもあり，例えば1918〜1919年の世界的な流行では，死者は4,000万人以上にのぼった。このようにインフルエンザウイルスが病原体として繰り返し猛威をふるうのは，その遺伝子構造に直接的な原因がある。すでに示したポリオウイルスやライノウイルスとは異なり，インフルエンザのゲノムは8本のRNA鎖からなり，それぞれ異なるウイルスのタンパク質をコードしている。この分割されたRNAから構成されたゲノムこそ，インフルエンザに大成功をもたらした発明品であると言える。この分割されたゲノム構成ゆえに，インフルエンザウイルスは異なる株の間でRNAを交換して混ぜ合わせることができ，その結果，より感染性が強く，破壊力の大きな新型の株をつくることができるのである。

ヒトインフルエンザの新たな病原性株は，多くの場合，他の動物の助けを借りて進化する。鳥が罹患する多種類の鳥インフルエンザウイルスがある。通常，これらのウイルスは鳥の消化管の中だけで増殖し，インフルエンザを引き起こさないため，鳥は何年もウイルスの貯蔵庫としての役割を果たすことになる。幸いなことに，これらの鳥インフルエンザウイルスはめったにヒトに感染しない。しかし，これらはブタに容易に感染し，残念なことに，ヒトインフルエンザウイルスもブタに感染する。問題が起こるのはこのときである。鳥とヒトのウイルスが同時にブタに感染した場合，2つのウイルスはRNA鎖を交換することができるため，場合によっては双方の最も有害な特徴を組み合わせて，まったく新しいウイルスをつくることができる。こうした新型のウイルス株はお

よそ10年おきに出現する。この新しいウイルスの遺伝子のいくつかは鳥のウイルスに由来しており，ヒトは鳥のウイルスに対して免疫をもっていないために，ウイルスはヒトからヒトへとすばやく広がることができる。

インフルエンザウイルスは，ポリオウイルスやライノウイルスよりもサイズが大きく，さらに複雑である。インフルエンザウイルスは脂質膜で覆われており，その内部には8本のRNA鎖がある。膜には感染する細胞を認識するためのタンパク質が一面に埋め込まれている。この表面タンパク質の違いは，そのウイルスが標的とする細胞の特異性を定義している。つまり，鳥のウイルスは鳥（とブタ）の細胞にだけ，ヒトのウイルスはヒト（とブタ）の細胞にだけ結合することができるのだ。脂質膜はウイルスによってつくられるのではなく，感染した細胞から盗み取ったものである。ウイルスの組み立ての最終段階は細胞表面で起こるが，新生ウイルスは細胞膜を衣のように身にまといながら出芽する（図8.3）。

ヒト免疫不全ウイルス

エイズ（AIDS）を引き起こすウイルス（図8.1）は，これまでに見てきたウイルスよりもさらに狡猾である。ヒト免疫不全ウイルス（HIV）はレトロウイルスの一種であり，驚くべき違いのある生活環を示す。ウイルスは新手の酵素である逆転写酵素とインテグラーゼの2つをもち，これらの酵素を使って標的細胞を乗っ取る。ウイルスは細胞に自身のRNA鎖（2本の同一のRNAからなる）を注入し，逆転写酵素はウイルスRNAを鋳型としてDNAの断片をつくる。次にインテグラーゼはこのウイルスのDNA断片を細胞の正常なDNAに組み込む。

これはおそろしい結果を招く。ウイルスのDNAが細胞のDNAに組み込まれると，事実上，正常な遺伝子と区別がつかなくなる。そのため，細胞が分裂するときにはゲノムと一緒にウイルスのDNAも複製されてしまう。また，通常のDNA修復系のはたらきによってウイルスDNAも同じように保護される。こうしてHIVは初めの感染から数年または数十年にわたって潜伏することができる。ゲノムの中に隠れたウイルスと戦うのは至難の業である。したがって，ウイルスが細胞に侵入する前にそれを認識し，破壊しなければならない。一度，細胞内に入り，ウイルス自身が細胞のDNAに組み込まれてしまえば，事実上まったく見えなくなってしまうためである。

HIVに感染後まもなく，激しい戦いが始まる。ウイルスは免疫細胞に率先

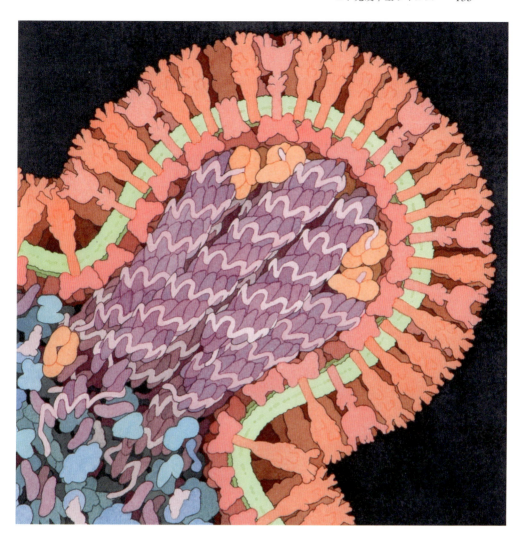

図8.3 インフルエンザウイルスの出芽 インフルエンザウイルスは，ポリオウイルスのように細胞を破裂させて飛び出すのではなく，細胞の表面から出芽する。この断面図では，左下部に細胞の本体を，画像の大部分に出芽ウイルスを示した。防護タンパクで包まれたウイルスRNAは，ウイルスの内部で太いらせん状の束をつくる。膜の内側に沿って並ぶタンパク質は出芽過程の原動力となり，外側に突き出したタンパク質は，この新しいウイルスが感染する細胞を認識して結合する。(1,000,000倍)

して感染し，新しいウイルスをたくさんつくらせて，最終的にそれらを死滅させる。免疫機構は新しい白血球をつくってウイルス粒子や感染細胞を破壊することで反撃する。ウイルスに対する免疫機構の戦いは何年も続くが，その過程

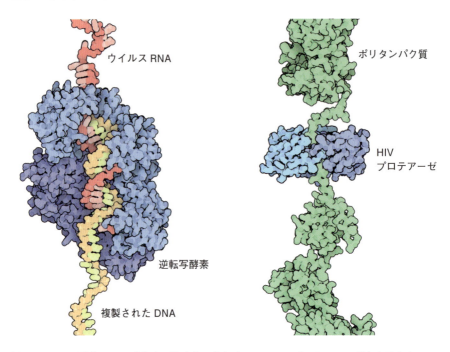

図8.4 HIVの酵素 HIV感染症の治療薬の大部分は，ここに示した2つの酵素を阻害する．左はウイルスRNAをDNAへと転写する逆転写酵素である．この酵素はDNAへの転写が進むにつれ，同時に鋳型RNA鎖を破壊する．右は，HIVプロテアーゼがウイルスのポリタンパク質から個々の機能するタンパク質を切り出している図である．(5,000,000倍)

で免疫機構はゆっくりと減退していく．免疫細胞が減少するにつれて，肺炎や結核などの他の感染症と戦うことができなくなり，HIVに感染した患者はエイズの症状を示し始める．

　HIVと戦うための薬剤は，ウイルスの生活環のすべての段階に作用する（図8.4）．エイズと戦うために最初に発見された薬剤であるAZT（アジドチミジン）は，逆転写酵素に作用し，ウイルスが感染した細胞のゲノムに組み込まれる前にDNA合成を阻害する．他の感染段階を阻害する新薬は現在もいろいろと開発されており，細胞表面を認識するウイルスのタンパク質を阻害する薬剤や，ウイルスDNAをゲノムに挿入する酵素のインテグラーゼを阻害する薬剤などがある．プロテアーゼ阻害薬であるリトナビルやインジナビルは，ウイルスの生活環の最終段階に作用し，ウイルスが感染細胞から生成するのを妨害する．つまり，ウイルスが細胞の表面から出芽して成熟した感染性ウイルスになる際に，ウイルスのタンパク質を切断して正しい断片にするためのタンパク質分解酵素を阻害する．ただし，これらの薬剤はウイルスを抑制することはでき

るものの，投薬を中断すると，ゲノム中に組み込まれたウイルスDNAがすばやく活動を開始し，感染の新しい段階を引き起こす。また，次章で述べるように，ウイルスは急速に突然変異を起こし，これらの薬剤に反逆するのに有効な方法を獲得する。

ワクチン

ポリオワクチンは現代医学の最も大きな勝利だと言えるが，風邪に対する有効な治療法がないことは，医学研究に対する不満としてよく聞かれる。この明確な違いの理由は単純であり，この2つの類似したウイルスの間にある基本的な違いに基づいている。ポリオウイルスには主要な3つの株があり，それぞれ膜タンパク質がわずかに異なっている。そのため，私たちの体が，これら3つの株を破壊するための抗体をつくることができれば，遭遇するどのポリオ感染も防ぐことができる。しかし，風邪を引き起こすライノウイルスには100種類以上の株があることが知られ，そのうえ，何十種類もの新種のウイルスも加わる。新たに風邪をひくのは，今までに遭遇したことのないウイルス株のせいである。それらすべてを予防するワクチンをつくることは現実的ではない。

ワクチンは将来の感染症と戦うための免疫システムをつくる。ウイルスに感染すると，免疫システムが動き出し，ウイルスを認識するための抗体をつくり，あるいはウイルスを飲み込んで破壊する白血球をつくりだす。免疫機構が十分な速さで反応できないときには，ウイルスはきわめて有害であり，破壊されるよりも早く増殖してしまう。予防接種のしくみはウイルス様の粒子を用いて感染前に免疫システムを刺激することであり，その結果，本物のウイルスによる危険にさらされることなく，必要な防御策を構築できる。こうして免疫システムは準備刺激された状態になり，実際に感染を受けるとただちに反応できるようになる。

最も有効なワクチンは，不活化もしくは化学的な方法によって弱毒化されたウイルスでつくられているが，これらによってもまだ十分に体を刺激することができ，防御策を構築することができる。最初のポリオワクチンはソークとヤングナーによってつくられたが，彼らはホルムアルデヒドによって不活化した精製ポリオウイルスを用いた。その数年後には，アルバート・セービンによって，さらに有効なワクチンが開発された。これは生ウイルスが含まれているが，そのウイルスには低温環境においてヒト以外の細胞でのみ増殖するような変異が加えられた。このような弱毒化ウイルスは，接種後しばらくしてから腸内で

増殖し，免疫機構を刺激して抗ポリオウイルス抗体を産生するが，神経細胞には感染しないためポリオは発症しない。ポリオワクチンには3種類の株がすべて含まれているので特に効果的であり，ポリオワクチンの接種により3つのウイルス株をすべて防ぐことができる。これらのワクチンのおかげで，ポリオは世界中からほぼ根絶された。

　ところが，インフルエンザに対する毎年のワクチン接種において，私たちは賭けをしなくてはならない。世界には多種類のインフルエンザウイルス株が蔓延しており，ウイルスが遺伝子を交換して突然変異を起こすと，毎年さらに多くの変種が出現するからである。毎年，CDC（アメリカ疾病予防管理センター）などの専門家は特定の株の世界的な流行を調査し，翌年，どの株が最も大きな脅威になりそうかを予測する。そして，それらの株を予防するためにワクチンがつくられる。現在，2種類のインフルエンザワクチンが普及している。不活化ウイルスを注射するインフルエンザの予防接種と，鼻に噴霧するタイプのワクチンである。後者では生インフルエンザウイルスが使われるが，ウイルスは弱毒化されている。

　HIV感染を予防するワクチンが強く求められているが，それにはまだ厳しい問題が残っている。HIVと戦うのには多くの理由から困難を伴う。なぜなら，HIVの逆転写酵素はたくさんのエラーを起こして，きわめて急速に突然変異を起こすため，何らかの治療が始まると，ウイルスの耐性株がすぐさま出現する。ウイルスの表面は特徴のない多糖類に覆われており，しかも抗体の特異的な結合部位は，表面にある溝の奥深くに隠されているため抗体はなかなか接近できず，抗HIV抗体による予防は容易でない。しかも，HIVワクチンは通常よりも迅速かつ効率的に免疫系を刺激する必要がある。なぜなら，HIVが感染して細胞のゲノムに組み込まれるのには1週間しかかからず，ひとたび組み込まれるとHIVは免疫系からは見えなくなってしまうからである。また，サルとネコに感染する類似のウイルスとは大きな差があるため，これらの動物のウイルスの研究から明らかになった知見の多くは，HIV感染症にはあてはまらない。例えば，1990年代にSIV（サル免疫不全ウイルス）感染からサルを守るのに有効なワクチンが発見されたが，類似のワクチンはHIVのヒトへの感染を予防できない。こうした課題にもかかわらず，人々の健康に対する世界的な脅威と戦うために，数多くの創造的な方法が，今なお検討されている。

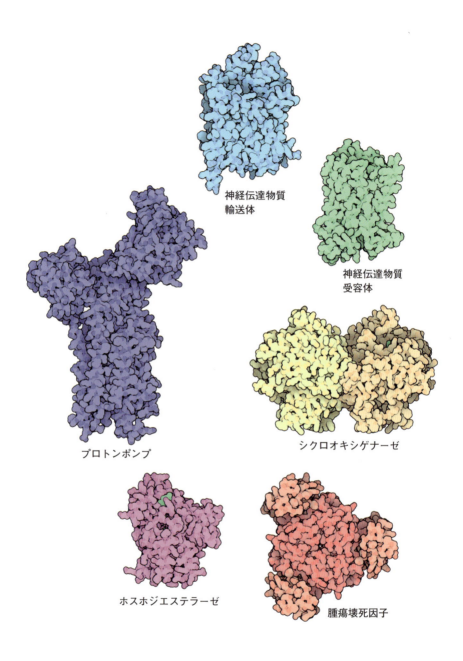

第9章
私たちと私たちの分子

　私たちの分子機械は非常に小さく，目で見ることができない．とても小さくて触ることができないので，私たち自身がそれらの装置の働きを加速したり，停止させたりすることはできないと思うかもしれない．しかし，私たちは日々，自分自身の分子機械のはたらきに変化を与えている．あなたが毎朝ビタミンを摂取しているのなら，それはあなたの分子機械を絶好調の状態に調整していることになる．医師があなたにペニシリンを投与したのなら，あなたは感染した細菌の分子機械に対して積極的に攻撃しているのだ．反対に，不運にも食中毒にかかったのなら，あなたは細菌に反撃され，あなたの分子機械が攻撃されたということだ．アスピリンを服用するのなら，あなたは神経と脳ではたらく分子機械の機能を弱めることになる．私たちはビタミン，毒，薬などを使って特定の分子機械の動きを意識的に変更し，分子機械のはたらきとともに，自分自身の生活の質を改善することができる（図9.1）．

図9.1　私たちと私たちの分子　今日，私たちは自分自身の分子機械のはたらきを改善するために何百もの薬剤を使うことができる．ここには薬剤の標的となるいくつかの例を示す．うつ病の治療には神経細胞の表面にある神経伝達物質輸送体を阻害する薬剤が用いられる．また，これとは異なる神経伝達物質受容体を阻害する薬剤が，喘息から統合失調症にまで及ぶ非常に多種の疾患に用いられる．アスピリンはシクロオキシゲナーゼを標的とし，頭痛を抑えたり，血液をサラサラにしたりする．関節リウマチやその他の炎症性疾患の治療では，サイトカインタンパク質の一種である腫瘍壊死因子が薬剤の標的となる．さらにまた，血管のホスホジエステラーゼを阻害し勃起を誘発する薬剤や，プロトンポンプを阻害して胃酸を減らす薬剤など，生活習慣病に対するさまざまな薬剤も使われるようになってきた．（5,000,000倍）

ビタミン

　ビタミンは私たちの代謝において欠かせないものである。しかし皮肉なことに，ビタミンは健康のために必要な分子であるにもかかわらず，私たち自身はつくることができない。それに比べると，細菌ははるかに自給自足的であり，いくつかの単純な材料を用いて，必要とするあらゆる分子をつくることができる。一方，ヒトの場合は，おそらく必要な成分を食物の中から常に摂取できたという理由によって，進化のどこかの時点で一部の必須成分を自前でつくる能力を失ってしまった。その結果，現在ではこれらの重要な分子を食物から補う以外に方法はないのである。

　それぞれの病気に対して特定の食品を用いる民間療法はたくさんある。例えば，ニンジンやレバーは夜盲の治療に用いられ，タラの肝油はくる病を，柑橘類は壊血病を防ぐ。これらの民間療法は，多くの場合，食品に含まれるビタミンが効果を発揮している。これらの治療のための食品を科学的に分析してみると，それぞれの特定の分子が治癒をもたらすことがわかった。最初に見いだされたチアミンは「生命に不可欠のアミン」としてビタミンと名づけられた。

　多くのビタミンは一風変わった化学的特徴をもつ化合物で，酵素が特殊な仕事を行うのを助ける。例えば，アミノ酸はすべて無色であるが，光を感知するタンパク質をつくるためには色のついた分子が必要であり，レチナールとしても知られるビタミンAは，これにうってつけの分子である。レチナールは光子からエネルギーをすぐに吸収できる炭素鎖からなる。さらに重要なことに，レチナールは光エネルギーを吸収すると，折れ曲がった状態からまっすぐな形状へと変形する（図9.2）。この形状の変化はタンパク質のロドプシンによってすぐに感知され，レチナールが光子を捕らえたことを神経信号として脳に伝える。私たちはレチナールをレバーなどの食事から直接摂取することができるが，ニンジンや他の有色野菜にはレチナールに類似した分子が含まれている。これらの分子は明るい黄色やオレンジ色のカロチンで，私たちの体内では酵素によって半分に壊され，レチナール分子に変換される。

　ビタミンB群はさまざまな酵素の間で，水素原子，窒素原子，炭素原子などをやり取りする特別な運搬分子をつくるために使用される（図9.3）。通常，これらの分子は一端に非常に反応性の高い原子をもっており，タンパク質に含まれるアミノ酸では難しい反応を可能にする。チアミン（ビタミンB_1）には食物分子から二酸化炭素を取り出すのに必要な反応性の高い炭素原子がある。また，リボフラビン（ビタミンB_2）とナイアシンは，細胞内で水素と電子を

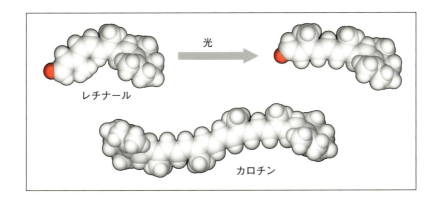

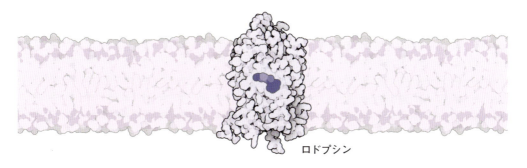

図9.2 ビタミンA ビタミンAからつくられるレチナールは，網膜細胞のタンパク質ロドプシンが光を感知する際に用いられる。図の左に示すように，通常は曲がった形をしているが，光子を吸収するとまっすぐな形状に変化する。レチナールは食事から直接，もしくはカロチンを半分に壊すことで得ることができる。（上：20,000,000倍，下：5,000,000倍）

やり取りする2つの化合物をつくるために必要であり，ピリドキシン（ビタミンB_6）には窒素をやり取りする反応を行うのに必要となる特殊な炭素原子がある。

　アスコルビン酸としても知られるビタミンCは，何かと物議をかもすビタミンであるが，その分子構造は比較的単純である。ビタミンCの最も目につく役割は，新生コラーゲンの構造を修飾する酵素のはたらきに必須なことである。ビタミンCが不足するとコラーゲンは未完成の状態にとどまり，壊血病による障害——歯の欠損，治癒遅延，大量出血など——を引き起こす。しかし，これに必要なビタミンCの量はわずかで，動物や植物の組織に見られる高いビタミンC濃度を説明するのは難しい。ビタミンAやEとともに，ビタミンCには抗酸化剤としての作用という第二のはたらきもある。第7章で述べたように，これは私たちの体が避けることのできない加齢の制御という重要な役割

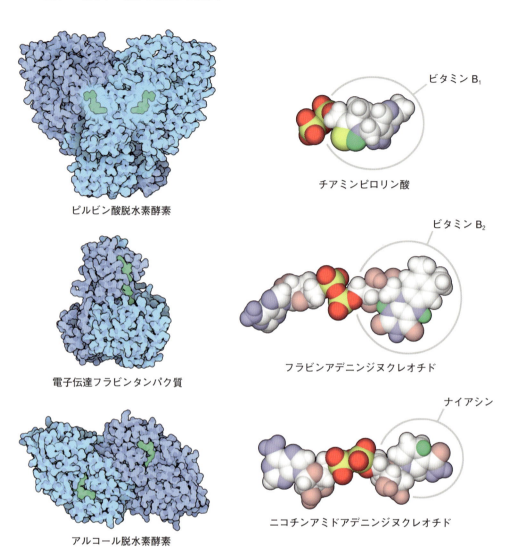

図9.3 ビタミンB群 ビタミンB群は，酵素が補助的に用いる補酵素をつくるのに用いられる。ここに示す3つの例では，ビタミンとして食事から得られる部分を丸で囲んだ（右）。左には，これらのビタミンを使用する酵素の例を示す。チアミンピロリン酸は，二酸化炭素を取り除く酸化還元反応を行うピルビン酸脱水素酵素によって用いられる。緑で示した特に反応性の高い炭素原子がこの反応を支える。フラビンアデニンジヌクレオチド（FAD）とニコチンアミドアデニンジヌクレオチド（NAD）は，電子と水素原子（緑）の伝達に用いられる。電子伝達フラビンタンパク質は脂質代謝系において酵素どうしの間で電子を移動させるのにFADを使用し，アルコール脱水素酵素はアルコールを分解する（細菌では産生する）反応でNADを使用する。（左：5,000,000倍，右：20,000,000倍）

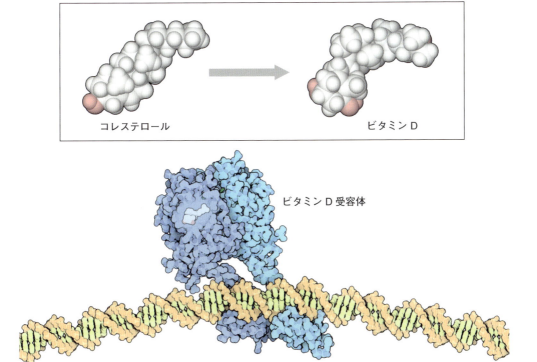

図9.4 ビタミンD ビタミンDは紫外線を利用した反応によって，コレステロールからつくられる。ビタミンDは細胞核の核内受容体と結合するホルモンである。この受容体はDNAと結合し，カルシウム代謝に関与するタンパク質の発現を調節する。(上：20,000,000倍，下：5,000,000倍)

を担う。

　ビタミンDは，骨によるカルシウムの取り込みと放出を制御するホルモンとして特別な役割を果たす（**図9.4**）。ビタミンDは私たちの細胞が直接つくることができるという意味で，ビタミンの定義を広げるものである。ただし，それは十分に日光を浴びた場合だけである。皮膚に紫外線を浴びると，コレステロールの1つの結合が切断されて，ビタミンDとなる。一方，日光を浴びるのが難しいとき，とりわけ曇りがちな高緯度に住む人々には問題が起こる。これらの人々は十分な量のビタミンDを自分自身でつくることができないため，イギリスの子どもたちが無理やり飲まされたことで悪名の高いタラ肝油のようなサプリメントを摂取する必要がある。

さまざまな毒

　私たちの分子機械は繊細である。通常の細胞の環境では，細胞は他の多くの分子からの干渉を受けることなく，すばやく効率的に仕事を行う。しかし，このシステムを混乱させるのはとても簡単である。タンパク質や核酸と強く結合する分子を加えれば，それらの作用を阻害することができる。これは，まさに毒が用いる方法であり，もしも，細胞の正常な分子よりも毒のほうが強く結合し，とりわけ重要なタンパク質に結合した場合には，致命的な結果を招く。

　最も毒性の強いもののいくつかは，とても小さな分子である。エネルギー産生の中心的な過程を阻害する単純な毒は，それと接触するほとんどすべての生物を殺してしまう。現存する生物の大部分は，糖をエネルギー源としているために，事実上同一の分子機械を使用している。それゆえ，細菌のエネルギー産生を阻害する毒は，動植物においても同様に効果を発揮する。多くの場合，これらの毒は化学的に単純であり，合成が容易であるがゆえに，人類の歴史において多彩な役割を担ってきた。

　シアン化物は最もよく知られている猛毒の1つである。シアン化物はわずか数分で酸素を利用しているどんな生物も殺してしまう。シアン化物はエネルギー産生の最終段階，つまり水素原子が酸素と結合して水になる段階を攻撃する。この反応を担う酵素複合体——シトクロム c 酸化酵素——は鉄原子が結合したヘム基をもっている。シアン化物は酸素とほぼ同じ大きさと形状をもつが，酸素よりも鉄と強く結合するため，酸素が鉄と結合するのを阻害して反応を止める（図9.5）。すると周囲に酸素があるにもかかわらず，細胞は酸素を使用することができなくなり窒息する。自然界においては，シアン化物はモモやアンズの種子に含まれ，挽いて粉にした種子約100gから致死量を得ることができる。種子にはレートリルという商品名で癌治療のために販売されているアミグダリンが含まれ，これは腸内のようなアルカリ性条件下でシアン化物を放出する。

　一酸化炭素は酸素やシアン化物と形状が似ているため，これらと同様に鉄原子と強く結合する。一酸化炭素中毒が起きる主要な部位は血液である。ヘモグロビンの鉄原子に対して，一酸化炭素は酸素より250倍も強く結合し，肺から全身の細胞への酸素の流れを妨げる。一酸化炭素の結合力は非常に強いため，一酸化炭素中毒を起こした血液から一酸化炭素を除去することは困難である。酸素ガスによる呼吸を1時間行っても，結合した一酸化炭素の濃度は半分にしか低下しない。

　シアン化物や一酸化炭素ほど致死的ではないものの，自然環境にはその他に

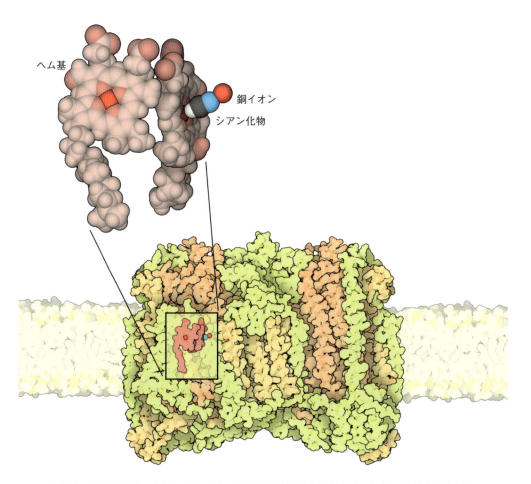

図9.5　シアン化物　シアン化物イオンは化学的に酸素と類似しているが，酸素を使用する酵素タンパク質とより強く結合する。多くの場合，1分子のみでタンパク質すべての活動を停止させることができる。ここに示すように，シアン化物はシトクロム c 酸化酵素（呼吸の最終過程ではたらくタンパク質）と結合し，酸素との結合を阻害する。（上：20,000,000倍，下：5,000,000倍）

も多くの有毒化合物が存在し，生体にとって脅威となる。食物には，植物が自身を守るために産生する有毒化合物が含まれている。調理は各種の反応性化合物を生み出す。産業社会に住んでいる限り，飲料水や空気に含まれるさまざまな汚染物質を飲んだり，吸い込んだりしている。そればかりでなく，例えばコーヒーに含まれるカフェインや，ワインやビールに含まれるアルコールといった有害化合物を自ら進んで摂取したりもする。私たちの分子機械は繊細であるため，こうした有害分子から守らねばならない。幸いにも，私たちにはこれら

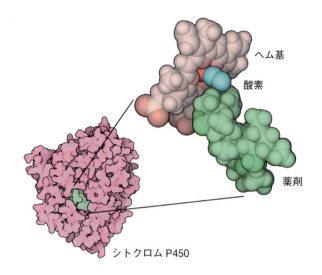

図 9.6　シトクロム P450　酵素タンパク質のシトクロム P450 は有毒な分子に酸素原子を付加する。これにより有毒な分子を可溶化し，体外に排出しやすくする。また，他の無毒化酵素が毒を捕らえて破壊するのを助ける。シトクロム P450 は，こうした化学反応のためにヘム基に結合した鉄原子を用いる。ここに示す CYP3A4（シトクロム P450 の一種）はヒト体内において薬剤の解毒を担い，アセトアミノフェン，コデイン，パクリタキセルや，いくつかの抗 HIV 薬などの分子を破壊する。図中の緑の分子は薬剤のエリスロマイシンである。（左：5,000,000 倍，右：20,000,000 倍）

の脅威から私たちを守る強力な解毒システムがある。

　この解毒システムの中心にはシトクロム P450（図 9.6）が存在する。この酵素は有毒化合物を拾いあげて化学的な「ハンドル」を付加する。そして次の工程で，他の酵素が大きくて無害な化学反応基をハンドルに取り付けることにより，有毒分子を認識し，体外に排出しやすくする。ヒトには 10 種類以上のシトクロム P450 が存在し，それぞれ異なる有毒分子群を認識して解毒する。もしも，あなたがアセトアミノフェンのような鎮痛薬を服用したのなら，シトクロム P450 がはたらきだすだろう。シトクロム P450 が鎮痛薬の分子を段階的に破壊するにつれ，この分子の作用は数時間で消失する。

細菌毒素

　シアン化物や一酸化炭素のような小分子は非常に有毒であるが，その毒性の強さには限度がある。化学的な毒はタンパクを 1 対 1（1 つのタンパク質に対

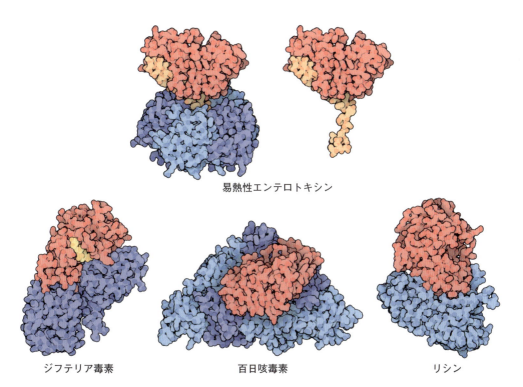

図9.7　細菌毒素　多くの生物は身を守るために2種類の毒素産生戦略を用いる。この図では，標的タンパク質を青，有毒な酵素を赤で示した。食中毒によって下痢を起こす大腸菌のエンテロトキシンおよび百日咳の原因となる百日咳毒素は，両方とも細胞のシグナル伝達経路を攻撃し，最終的に細胞へのイオンと水の流れを制御する信号系を混乱させる。ジフテリア菌が産生する毒素はタンパク質合成系（リボソーム）で用いられるタンパク質因子の1つを攻撃し，トウゴマ（植物）が産生する強力な毒素であるリシンは同じ戦略を用いてリボソームを攻撃する。（5,000,000 倍）

し1つの有毒分子）で攻撃するため，結合すればすぐにその攻撃は終わる。それに対し，病原菌はさらにもっと致死的な方法を生み出した。その方法は非常に致死性の高い2種類の生化学的戦略を用いる（図9.7）。例えば，ジフテリア毒素の1分子は，ある1つのタンパク質を攻撃する代わりに，細胞全体を殺すことができる。

　第一の戦略は，単純な毒性分子の代わりに有毒な酵素を使用する方法である。酵素は同じ化学反応をくり返し行うことができる触媒であるため，標的から標的へと飛び回りながら毒性反応をくり返す。このように有毒な酵素1分子によって，タンパク質で満たされた細胞全体の活動が停止させられ，細胞が死ぬまで破壊が進む。また，この戦略は毒素をさらに効果的に作用させるために，次

の第二の戦略と一緒に用いられる。こうした毒性酵素は細胞を見つけ酵素を直接注入する標的機構と連動している。標的機構は，しばしば標的細胞の表面にある多糖類の鎖と結合し，通常の食物分子とともに細胞内に引き入れられる。ひとたび細胞内に入ると，毒性をもつ酵素へと形状が変わり，破壊的な活動を開始する。

もしも，あなたが食中毒になったことがあるのなら，これらのおそろしい分子機械のどれかによって攻撃されたのかもしれない。たとえば，大腸菌は消化器官の細胞を攻撃する毒素を産生する。食中毒の不快な症状は，体が毒素を排出しようとすることによって起こる。コレラやジフテリア，百日咳などの他の細菌も似たような毒素を産生し，治療を行わなければ致死的となりうる。

抗生物質

細菌やその致死的な毒に冒されたときに，絶望的にならずにすむ時代に生きている私たちは幸運である。何十年にもわたる医学研究を通じて，人々は細菌とその毒性分子に関する多くの知見を明らかにするとともに，より効果的に殺菌できるような細菌の弱点を発見してきた。今日，私たちは感染した病原菌と戦うための抗生物質という武器をもっている。

命を救う抗生物質と致死的な毒は硬貨の表裏のような関係にある。毒はカギとなる重要な分子機械を攻撃して破壊し，生命維持に不可欠な過程のどこか1か所を妨害して細胞を死滅させる。それに対し，抗生物質は特異的に攻撃するように設計された選択的な毒である。たとえば，シアン化物は抗生物質としては役に立たない。なぜなら，病原菌と患者の両方を殺してしまうからである。抗生物質は患者には害を与えずに感染菌だけを死滅させるように設計されている。

現在では意外に思われるかもしれないが，細菌やウイルスが疾患を引き起こすという概念――洗っていない医師の手によって感染が広がる――は，前世紀に理解されるようになったばかりである。顕微鏡によって細菌が発見されると，すぐに細菌を死滅させる薬剤についての研究が始まった。今日でもまだ使われている第一の方法は消毒薬である。消毒薬は微生物を完全に包み込むことによって殺菌する弱い毒である。消毒薬は私たちの皮膚に触れるだけなので，表皮のわずかな細胞のみを死滅させるが，全身には影響が及ばない。塩素，臭素，ヨウ素を含む水溶液や，メルチオレートといった水銀化合物などは有効な消毒薬で，小さな傷を感染から守るために使用される。これらの薬剤に含まれる反

応性原子は，細菌の酵素がもつ硫黄化合物を攻撃し，酵素を不活化させる。アルコールも消毒薬として広く使用されている。細菌が高濃度のアルコールに包まれると細菌のタンパク質が変性して不活化される。

　医学生化学分野における次の大きな進歩は，病原菌の分子機械を特異的に攻撃する抗生物質の発見であった。最初の成功はサルファ剤である。サルファ剤はヌクレオチド合成でカギとなる細菌の酵素だけを攻撃するため，患者にとって最もリスクが小さいかたちで殺菌するために服用されよう。その後すぐさま，自然界で生物が細菌から身を守る方法に着目したことで他の抗生物質が見つかった。最もよく知られているのはペニシリンで，カビが自身の周辺で細菌が増殖するのを防ぐために分泌する。ペニシリンは，細菌の細胞壁を支える硬いペプチドグリカン層をつくる酵素のはたらきを阻害する（**図9.8**）。この酵素が失活すると菌体は脆弱になり，免疫系によって簡単に破壊されてしまう。私た

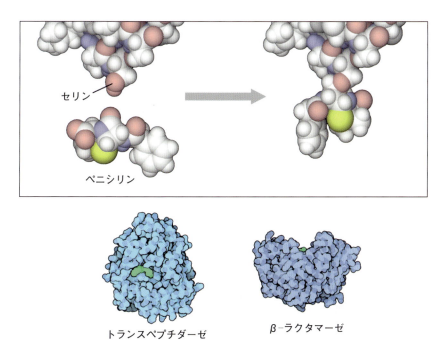

図9.8　ペニシリン　ペニシリンはバネじかけのわなのように，近づいたD-アラニル-D-アラニンカルボキシペプチダーゼ（トランスペプチダーゼとも呼ばれる細菌のペプチドグリカン構造をつくる酵素）を破壊する。ペニシリンには4つの原子からなる化学的に不安定な環状構造があり，これが酵素タンパク質のアミノ酸（セリン）を攻撃し，その結果，活性部位にペニシリンが結合して酵素を失活させる。一方，細菌はβ-ラクタマーゼのようなタンパク質を用いて反撃し，ペニシリンが作用する前にそれを分解しようとする。（上：20,000,000倍，下：5,000,000倍）

ちの細胞にはこのようなペプチドグリカン構造がないため、ペニシリンはきわめて安全であり、細菌だけを攻撃する。

病原体に特有の生化学的反応は抗生物質の最もよい標的となる。これまでに多くの事例が見つかっており、現在、さらに多くが医学研究者らによって研究中である。クロラムフェニコールとストレプトマイシンは細菌のリボソーム（私たちのリボソームより小さく、構造が異なる）を攻撃する。リファンピシンは結核菌のRNAポリメラーゼを攻撃する。キニーネはマラリアの原因となるマラリア原虫（原生生物）の代謝産物の処理を阻害する。このマラリア原虫は赤血球中のヘモグロビンを餌としており、キニーネはその過程を阻害して未消化のヘムの毒性濃度を高める。近年では、医学研究者らはHIVに固有の酵素を攻撃する薬剤を開発する大きな計画を推進してきた。現在では、逆転写酵素、HIVプロテアーゼ（第8章を参照）など、ウイルスの生活環に登場する重要な酵素を攻撃の対象とする何十もの薬剤が開発されている。

具合の悪いことに、細菌とウイルスの増殖は速く、進化のスピードも非常に速い。抗生物質の発見から数十年間で、多くの細菌において薬剤耐性株が進化してきた。薬物療法を慎重に計画しなければ、HIVの薬剤耐性株は数週間以内に現れる。このように現代の医療においては、新薬を開発する研究者と、新薬から逃れようと進化する細菌・ウイルスとの終わることのない抜きつ抜かれつの競争が行われている。

細菌は、しばしば薬剤を破壊する酵素を産生して耐性を獲得する。例えば、一部の薬剤耐性菌は、正常な消化酵素の形状を変化させてペニシリン切断酵素（β-ラクタマーゼ）をつくる（図9.8）。β-ラクタマーゼはペニシリンを見つけると、反応のカギとなる結合を切断し、薬を無効化する。こうした薬剤耐性を引き起こす酵素の遺伝子は、しばしば細菌のプラスミド（小さな環状DNA）上にコードされ、細菌から細菌へと受けわたされて、集団内に薬剤耐性を広める。

HIVは異なる方法で薬剤に対する耐性を獲得する。HIV薬剤耐性株は薬剤を攻撃する代わりに、薬剤が標的とする酵素にわずかな変異を起こす（図9.9）。薬剤の標的となる逆転写酵素やプロテアーゼ酵素に突然変異を起こし、薬剤がそれらと結合できないようにするのである。HIVは急速に突然変異を起こし、薬剤を容易に無効化できるため、薬物治療開始から数週間で薬剤耐性が出現する。そのため、現在、HIV治療で使われている方法は、感染患者に対する多剤同時併用療法である。各薬剤の標的はそれぞれまったく異なるため、ウイルスの集団はすべての薬剤の攻撃を避けるようにいくつかの分子機械を同時に変異させるという、不可能な課題に直面するのである。

抗生物質　153

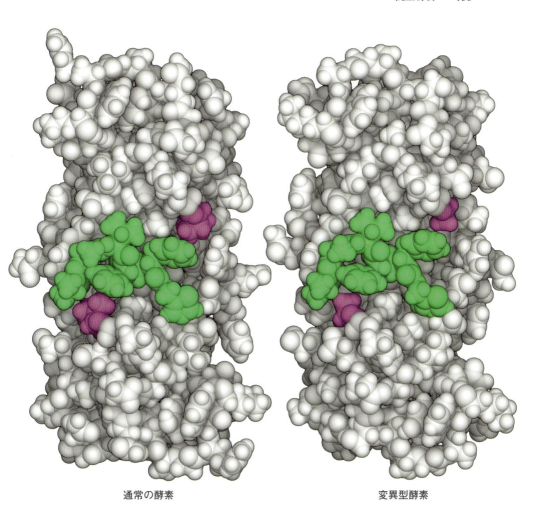

通常の酵素　　　　　　　　　　　　　　　　変異型酵素

図 9.9　HIV の薬剤耐性　HIV 薬が効果的にはたらくためには，薬剤は HIV の酵素タンパク質に強く結合し，そのはたらきを止めなくてはならない。ところが，HIV プロテアーゼは活性部位の重要なアミノ酸を変異させることにより，HIV 薬に対して耐性を示すようになる。この図では，薬剤のリトナビルを緑，酵素タンパク質の 82 番のアミノ酸を紫で示す。正常な酵素の場合このアミノ酸はバリンであり，この薬剤と緊密に接触した形をとる。変異型の酵素では，このアミノ酸はより小さなアラニンに変化しており，両者の接触が弱まるため薬剤は無効となる。(20,000,000 倍)

神経系に作用する薬剤と毒

　前近代的な医療では，人々は自分自身の分子機械を変化させるために特定の化学物質を用いた。ヤナギの樹皮やケシの樹脂は痛みの軽減に用いられ，少量のジギタリスは心臓病の治療に，さまざまな植物やキノコは私たちの感覚や精神の状態を変化させるために使われた。これら毒性物質の大部分は，植物が自らの身を守るためにつくり出したものであり，私たちが食べすぎれば深刻な問題を生じる。しかし，慎重に調節された用量を服用すれば，これらの化学物質は薬剤として効果的である。

　人体に関する生化学の知識が深まるにつれ，私たちは必要に応じて，これらの自然毒の分子構造を改変する方法を得た。今日，私たちは自身の分子機械がより健康的な状態ではたらくようにするために，多種多様な天然・合成薬を用いることができる。これらの薬剤は分子機械に対して抗生物質のように毒として作用するのではなく，むしろ特定の分子機械の活動を低下させるようにはたらく。しかも薬物療法は，多くの場合，一時的なものである。私たちが備える解毒システム（例えばシトクロム P450）は，体内に循環する薬剤を数時間以内に破壊するため，持続的な治療効果を得るには1日量を投与しなければならない。

　これらの自然毒や治療薬の多くは神経系に作用する。神経系は私たちの体を統制する中枢であり，もし体の調整をしたければ神経系にあたるのが最善だからである。植物と真菌は神経系をもたないため，神経系を攻撃する毒の生産者としてうってつけである。植物や真菌は悪影響を受けることなくこの種の毒を大量に生成し，貯蔵することができるが，それらを食べる動物は毒により死んでしまう。治療に用いる多くの薬物の供給源は植物や真菌であった。民間伝承の長い伝統は人々に有毒な植物や真菌を避けるように警告してきたため，ナス科の有毒植物であるベラドンナや有毒なキノコを食べてはいけないことはよく知られている。しかし他方では，同じ民間伝承が，これらの毒を少量で，かつ慎重に調整した量で用いるのなら神経に有益な変化をもたらし，緊張を軽減したり痛みを遮断したりすることも示してきた。

　例えば，クラーレ，アトロピン，ドクニンジンは，神経と筋肉間の信号伝達を阻害することによって筋肉を麻痺させる。この信号は神経細胞から放出されるアセチルコリン分子が筋細胞表面にある受容体によって感知されることで伝達される（図 6.10 参照）。これらの毒はアセチルコリンの受容体への結合を阻害するため，筋肉は収縮の信号を受け取れなくなる。もし，あなたがこれまで

に眼科医に眼の検査をしてもらったことがあるのなら，アトロピンによる麻痺を経験しているはずだ。目に小さな1滴を落とすと，虹彩を閉じるための筋肉が麻痺して瞳孔が開き，眼底を検査することができるようになる。

ストリキニンは逆の作用をもつ。抑制性の神経シナプス受容体は，神経細胞の発火を減衰させ，その神経および周囲の神経へくり返し興奮が起こるのを防ぐ。ストリキニンはこの抑制性の神経シナプス受容体のはたらきを阻害するため，悲惨な結果をもたらす。ストリキニン中毒の犠牲者は，麻痺の代わりに制御不能の痙攣を示す。ほんのわずかな動作や音が神経信号の連鎖反応を作動させてしまうため，犠牲者の体のあらゆる筋肉を収縮させることとなり，全身を弓形に反らせて硬直する。

バリアムという商品名としても知られるジアゼパムやバルビツール酸およびアルコールなどの精神安定剤は，この抑制性受容体に対してより有益に作用する。ストリキニンが神経の抑制を阻害し，制御不能な神経の興奮を引き起こすのに対し，これらの抑制薬は神経伝達物質が抑制性受容体に結合することを促進すると考えられ，抑制性神経のはたらきを高めて神経の発火を遅らせる。これらのすべての精神安定剤は同じタンパク質に作用し，その作用は相加的であるため，アルコールはバルビツール酸の効果を大きく強める。投薬量を増やしていくにつれ，より多くの神経で薬が効くようになり，効果は次第に高まる。不安の軽減に始まり，次第に鎮静と睡眠をもたらし，さらに中毒による致死量にまで増えると，最終的には昏睡と死を招く。

他の薬剤は特定の神経に作用し，思考と感覚に対してより限定的な作用を及ぼす。例えば，鎮痛薬は痛みを感知し，それを脳に伝える信号を遮断する。アスピリンとモルヒネは痛みの過程の始点と終点でそれぞれ信号を遮断する。アスピリンは痛み信号の始まりを遮断する。皮膚と組織の細胞は，傷つけられるとプロスタグランジンと呼ばれる小分子を放出し，これは痛み信号を脳に伝達するように神経を刺激する。アスピリンはプロスタグランジンの産生に必要な酵素の1つであるシクロオキシゲナーゼを阻害する。この酵素がはたらかなくなると，痛みの信号を伝えるプロスタグランジンの量が不足してしまう。一方，モルヒネは痛みの過程の終点を遮断する。モルヒネは，もともと脳内にある自然の鎮痛物質（エンケファリン）と同じ受容体に結合する。エンケファリンは脳における痛み信号を修正するはたらきをもち，極端に大きな信号が来た場合などは，その痛みの強度を鈍化させるように痛みの閾値を上げる。モルヒネはこの自然に備わった機構を取り込むことによって，これまでに知られる中で最も強力な鎮痛薬となった。

私たちと私たちの分子

　今日，私たちは自身のもつ分子と驚くほど深い関係を保っている。私たちは自身の分子を過度な暑さや寒さ，酸とアルカリ，非常に塩分の多い条件，強い日光から守らなければならないことを本能的に知っている。私たちに備わった痛覚は，これらの条件によって自身の分子が危険に陥ることを警告してくれる。民間伝承は，ビタミンやミネラルを摂取し続ける必要があること，あるいは有毒物質を避けなくてはならないことを私たちに教えてくれた。また医学は，ウイルスや細菌などの病原体から身を守るためには衛生状態をよくする必要があると説き，万一，病原体によって私たちの防衛線が突破された場合は，それらと戦うための有効な武器を提供してくれる。こうして現代の私たちは，過去の歴史のどの時代の人々よりも，より長く，より健康に生きることができる。

　現在，私たちは自身がもつ分子の最も奥深い謎を調査中であり，自身の体に対する理解が進もうとしているまっ最中である。私たちの理解はすでに，ナノスケールの生命過程を制御する主要な分子機械の大部分について，原子レベルに達している。私たちはこれらの分子機械が，ナノスケールの膨大な情報の弾力的な制御と運用によって，いつ，どこで，どのようにしてつくられるのか，またこの情報のエラーが進化的に有利な帰結となる可能性があることを理解し始めている。細胞の内部環境は分子が生命活動を生じる驚嘆すべき領域であり，そこには秩序とカオスの一見，逆説的な組み合わせが存在することが明らかになってきた。

　この理解が進めば，制御が可能となる。今日，医学は最適な治療のために，私たち自身の細胞に直接影響を及ぼす何百もの方法を提供する。しかし，こうした理解とともに，私たちは新たなレベルで責任をとる必要がでてきた。私たちは毎日，自身の分子についての知識が必要な何十もの決断に直面する。たとえば，あなたは栄養に富み脂質を多く含んだ食事を摂ることで，血管に脂肪を蓄積させてもよいかどうかを選択しなくてはならない。あるいは，人工ステロイドの使用がスポーツマンとしてふさわしいかどうかについて決めなくてはならず，さらに，遺伝子組換えによってつくられた農産物を食べるかどうか，糖尿病や癌の遺伝子治療を支持するかどうかを選択しなくてはならない。幸いにも，これらの選択は私たちの体の分子レベルとそれ以上のレベルの詳細な理解にかつてなかったほどに基づいて行うことができるようになった。

原子座標

　この書籍の分子イラストの原子座標は，RCSB PDB の蛋白質構造データバンクから取得している。各構造の座標とすべての参考文献は，RCSB PDB のウェブサイト http://www.pdb.org または日本蛋白質構造データバンクのウェブサイト http://pdbj.org で見ることができる。これらウェブサイトで検索するためのアクセスコードを括弧内に示した。

1.2. グリセルアルデヒド-3-リン酸脱水素酵素（1gad, 1nbo, 3gpd）

1.3. ヘモグロビン（2hhb）

2.1. ATP 合成酵素（1c17, 1e79, 1l2p, 2a7u）

2.2. エノラーゼ（4enl）

2.6. 転移 RNA（1ttt）；リボソーム（1yl4）

2.7. リゾチーム（2lyz）

2.8. 多剤輸送体（2onj）；ロドプシン（1f88）；インスリン（2hiu）；グルカゴン（1gcn）；ペプシン（5pep）；抗体（1igt）；DNA ポリメラーゼ（1tau）；フェリチン（1hrs）；ATP 合成酵素（1c17）；コラーゲン（1bkv）；アクチン（1atn）

2.9. 脂質二重層の座標は，下記のウェブサイトから取得：http://www.umass.edu/microbio/rasmol/bilayers.htm（Heller, H., Schaefer, M. and Schulten, K. (1993) "Molecular dynamics simulation of a bilayer of 200 lipids in the gel and in the liquid crystal phases" J. Phys. Chem. 97, 8343–8360.）

3.1. 伝令 RNA と転移 RNA（2j00）

3.2. HMG-CoA 還元酵素（1hwk）；酸化スクアレンシクラーゼ（1w6k）

3.3. RNA ポリメラーゼ（2e2i）

3.4. リボソーム（1yl3, 1yl4）；転移 RNA/伸長因子 Tu（1ttt）；伸長因子

G（1dar）；フェニルアラニル tRNA 合成酵素（1eiy）
3.5. インスリン（2hiu）
3.6. 光化学系 I（1jb0）；リブロースビスリン酸カルボキシラーゼ／オキシゲナーゼ（1rcx）
3.8. アスパルチル tRNA 合成酵素（1c0a）
3.9. 光化学系 I（1jb0）；フェレドキシン（1fxa）；シトクロム bc1 複合体（1bgy）；プラストシアニン（1bxu）
3.10. ATP 合成酵素（1c17, 1e79, 1l2p, 2a7u）
3.11. ビタミン B_{12} 輸送体（2qi9）；ナトリウム・プロトン対向輸送体（1zcd）；マグネシウム輸送体（2bbj）
7.2. ユビキチン（1f9j）；プロテアソーム（1fnt）
7.3. チミン 2 量体を生じた DNA（1ttd）；DNA フォトリアーゼ（1tez）
7.4. Rad51 タンパク質（1szp）
7.5. カスパーゼ-9（1nw9）；カスパーゼ-3（1pau）；カスパーゼにより活性化される DNA 分解酵素（1v0d, 1c9f）
7.6. Src タンパク質（2src）
7.7. シトクロム c 酸化酵素（1oco）
7.8. スーパーオキシドジスムターゼ（2sod）；カタラーゼ（8cat）；ペルオキシレドキシン（2pn8）
7.9. アスコルビン酸（1oaf）；シトクロム b_5 還元酵素（1ib0）
8.4. 逆転写酵素（1jlb）；HIV プロテアーゼ（1hsg）
9.1. プロトンポンプ（1su4）；神経伝達物質輸送体（2qju）；神経伝達物質受容体（2rh1）；シクロオキシゲナーゼ（1prh）；腫瘍壊死因子（1tnr）；ホスホジエステラーゼ（1udt）
9.2. ロドプシン（1f88）
9.3. ピルビン酸脱水素酵素（1ni4）；電子伝達フラビンタンパク質（1efv）；アルコール脱水素酵素（2ohx）
9.4. ビタミン D 受容体（1db1, 1kb6）
9.5. シトクロム c 酸化酵素（1oco）
9.6. シトクロム P450（1j0d）
9.7. 易熱性エンテロトキシン（1lts）；ジフテリア毒素（1mdt）；百日咳毒素（1prt）；リシン（2aai）
9.8. トランスペプチダーゼ（1hvb）；β-ラクタマーゼ（4blm）
9.9. HIV プロテアーゼ（1hxw, 1rl8）

補足資料

Alberts B., Johnson A., Lewis J., Raff M., Roberts K. and Walter P. Molecular Biology of the Cell. New York: Garland Science, 2002.〔『細胞の分子生物学』，第4版，ニュートンプレス〕

Devlin T.M. Textbook of Biochemistry with Clinical Correlations. New York: Academic Press, 2005.

Flint S.J., Enquist L.W., Racaniello V.R. and Skalka A.M. Principles of Virology: Molecular Biology, Pathogenesis, and Control of Animal Viruses. Washington D.C.: ASM Press, 2004.

Goodsell D.S. Bionanotechnology. Hoboken: Wiley-Liss, 2004.

Nelson D.L. and Cox M.M. Lehninger Principles of Biochemistry. New York: Worth Publishers, 2000.〔『レーニンジャーの新生化学』上・下，第3版，廣川書店〕

Neidhardt F.C., Ingraham J.L. and Schaechter M. Physiology of the Bacterial Cell, A Molecular Approach. Sunderland: Sinauer Associates, 1990.

Pollard T.D. and Earnshaw W.C. Cell Biology. Philadelphia: Saunders, 2002.

索引

欧文索引

ADP（アデノシン二リン酸）　43図
AMP　44図
A-T-G 配列（開始）　13
ATP（アデノシン三リン酸）　42, 43図
ATP 合成酵素　9図, 46図, 64
Bcl-2 タンパク質ファミリー　117
BID タンパク質　109図
B 細胞　73図
CHT1 タンパク質　107図
CYP3A4　148図
D-アラニル-D-アラニンカルボキシペプチダーゼ（トランスペプチダーゼ）　151図
DNA
　　紫外線による──の化学変化　112
　　──修復における相同組換え　114
　　──修復における対合組換え　114
　　──の修復　112 ― 116
　　──の二重らせん　33
　　──は設計図　31
DNA 鎖
　　──の組換え　114図
　　──の複製　116
　　──の劣化　116
DNA トポイソメラーゼ　60図, 61図
DNA フォトリアーゼ　113, 113図
DNA ポリメラーゼ　20図, 62, 116
FAD
　　→フラビンアデニンジヌクレオチド
GGGTTA 配列　116
GM130　78図
GP120　127図
HDL
　　→高比重リポタンパク質

HIV　127図, 128
HIV プロテアーゼ　127図, 136図
HIV 薬剤耐性　152
IL-4 受容体　81図
lac リプレッサー　62
LDL
　　→低比重リポタンパク質
McsL　59
mRNA　29図
NAD
　　→ニコチンアミドアデニンジヌクレオチド
p53 癌抑制タンパク質　119
RecA タンパク質　114
Red51 タンパク質　114図
RNA　15
RNA 依存症 RNA ポリメラーゼ　128, 132
RNA
　　多種類の──分子　38
RNA ポリメラーゼ　33, 34図, 59, 60図, 61図, 152
SIV（サル免疫不全ウイルス）　138
tRNA　29図
UAA　34
VPg　132
X 線結晶構造解析　4
β-ラクタマーゼ　58

和文索引

あ

アーウィン・シュレーディンガー　29
アクチン　21図, 84, 85, 92, 94図
アクチンフィラメント　81図
アスコルビン酸　143

アスピリン　141, 155
アセチルコリン　154
アセチルコリンエステラーゼ　107 図
アセチルコリン受容体　107 図
アデニン　13
アデノシン三リン酸　42, 43 図
アドレナリン　100
アトロピン　154
アポトーシス　116 — 119
アポトソーム　109 図
網状の糖タンパク質　49
アミノ酸　17
　　　──の連なってできた鎖　19
アミン　142
アルギニン　34
アルコール脱水素酵素　144 図
アルブミン　97
アンチコドン　34

い

一酸化炭素　146
遺伝子
　　　──のコード化　34
　　　──の変異の進化における役割　38
　　　──の編集　35
　　　ヒトインスリンの──　39 図
遺伝情報
　　　──に基づく合成法　31
　　　──の相反する 2 つの力　38
　　　──の不滅の 1 つの連鎖　110
インスリン　20 図, 100
インタラクトーム　38, 54
インテグラーゼ　127 図
インテグリン　103 図
インテグリンタンパク質　90 図
インフルエンザ　133 — 134
　　　──ウイルスの出芽　134
　　　鳥──ウイルス　133
インポーチンタンパク質　75 図

う

ウイルス　127 — 138
　　　──のカプシド　132

え

エクソシスト複合体　81 図
エストロゲン　100
エネルギー産生　63 図
　　　──過程を阻害する毒　146
　　　──の段階　64
エネルギー
　　　糖の分解から得られる──　42
　　　──の多くの種類　42
　　　──の活用　40 — 45
エノラーゼ　11 図
塩基　13
塩橋　10
エンケファリン　155
エンテロトキシン　149 図

お

オプシン　49
オペロン　38
オリゴサッカリルトランスフェラーゼ　77 図

か

回転モーター　47 図
解糖　64
外膜
　　　細胞壁の──　54
化学エネルギー　42
化学合成
　　　細胞の──　31
化学信号　101
化学的特性　10

化学療法　119
　　——の副作用　120
核　19, 74 図
核酸　10, 13 — 17
　　——の機能　13, 14 図, 16 図
核磁気共鳴分光法　4
角質(ケラチン)　85
核膜孔複合体　75 図
核様体　61 図
カスパーゼ　80 図, 109 図, 117, 118 図
カタラーゼ　96 図, 122 図
活性酸素
　　——による損傷　121
荷電性イオン　43
カドヘリン　88 図
カプシド
　　ウイルスの——　132
カプシドタンパク質　127 図
カロチン　143 図
癌　118
癌化　118
癌治療　119

き

ギアンチン　78 図
機械的な運動　42
キチン質　24
基底膜　90 図
キネシン　80 図, 86, 103 図
逆転写酵素　136 図
キャップ形成酵素　74 図
ギャップ結合　87, 89 図
急性灰白髄炎
　　→ポリオ
筋細胞　49, 92
筋節(サルコメア)　92
筋組織　83 図
筋肉　87 — 94
　　——タンパク質　43
　　——の筋細胞　49

　　——の筋収縮　92
　　——を動かす神経信号　101

く

グアニン　13
クラーレ　154
クラスリンタンパク質　79 図
グリオメジン　103 図
グリコーゲン　24
クリスタリン　49
グリセルアルデヒド-3-リン酸脱水素酵
　　素　3 図, 35
グルカゴン　20 図, 100
クロロフィル(葉緑素)　40 図

け

血液　94 — 101
血液凝固　98, 99 図
血液
　　——中の血小板　98
　　——中の脂肪と脂質　97
結合組織　49
血漿　96 図
血小板　98
血清アルブミン分子　96 図
血餅　98
解毒する酵素　122
ゲノム
　　チンパンジーの——　38
　　——の塩基配列　35
ケラチン　49
ゲルゾリン　109 図
原子　4
原子間力顕微鏡　4

こ

光化学系　40 図
抗癌剤　119

抗菌薬　68
光合成　40
抗酸化酵素　122 図
甲状腺ホルモン　31
合成　36 図
合成酵素　31
抗生物質　150 ― 153
　　　細菌細胞に働く――　58
　　　――と毒　150
　　　――の標的　152
構造体　30
酵素
　　　解毒する――　122
　　　合成――　31
　　　触媒である――　149
　　　――タンパク質　26
　　　――による食物分子の消化　58
　　　ペリプラズムにある――の機能
　　　　58
抗体　20 図，35
　　　感染と戦う――　54
高比重リポタンパク質　96 図，97
呼吸　64
呼吸システム　122
骨細胞　49，83
コドン　34
ゴナドトロピン　24 図
コネクソン　87，89 図
コラーゲン　21 図，86，90 図
ゴルジ体　73 図，78 図
ゴルジン　80 図
コレステロール　145 図

さ

細菌　53 図
　　　――細胞　58
　　　細胞における――のタンパク質合成
　　　　60 図
　　　消化酵素や抗体の攻撃から身を守る
　　　　――　67

　　　――毒素　148 ― 150
　　　――のゲノム　35
　　　――の進化　152
最終生成物　31
サイトカイン　87，141 図
細胞
　　　――における細菌のタンパク質合成
　　　　60 図
　　　――の移動　65
　　　――の化学合成　31
　　　――の細胞骨格　85
　　　――の動力　63 ― 64
　　　――のバリア　23
　　　――のプロペラ　65 ― 66
　　　――の保守と修復　30
　　　ヒトの――　71 ― 81
細胞外基質（マトリックス）　90 図
細胞間結合　88 図
細胞骨格　86
細胞質　80 図，85，87
細胞内空間（cellular space）　25
細胞内区画　71 図
細胞壁　57 図，80 図
　　　多層の――　54
　　　――の外膜　54
　　　――の内膜　58
細胞膜　23，45
　　　――の基本的な足場　94
　　　――の選択的フィルター　58
サルコメア
　　　→筋節
サルファ剤　151
サル免疫不全ウイルス　138
三次元空間をランダムに拡散　26

し

ジアゼパム　155
シアン化物　146，147 図，150
紫外線

――による DNA の化学変化　112
軸索　101
シクロオキシゲナーゼ　141 図, 155
自己集合する脂質膜　38
脂質　10, 13
　　　――二重層による境界　45
　　　――二重層の機能　23
　　　――の二重層　22, 22 図
シトクロム b6-f 複合体　46 図
シトクロム c　109 図
シトクロム c 酸化酵素　121 図, 147 図
シトクロム P450　148
シトシン　13
シトシンヌクレオチド　112
ジフテリア毒素　149 図
脂肪酸　97
脂肪や油　22
シャペロン　17
収縮　94 図
周辺質
　　　→ペリプラズム
腫瘍壊死因子　141 図
受容体　103
シュレーディンガー
　　　→アーウィン・シュレーディンガー
シュワン細胞　105 図
死　124
循環的光リン酸化反応　45, 46 図
消毒薬　150
小胞体　76 図
情報
　　　――の処理装置である神経細胞　105
食餌制限　124
食中毒　68, 141
触媒　30
　　　――である酵素　149
真菌　72, 154
真菌類　40
神経系に作用する薬剤と毒　154―155
神経細胞　49, 101

情報の処理装置である――　105
　　　――の機能　107
神経軸索　103 図
神経シナプス　107 図
神経信号　43
　　　――による腺の刺激　105
　　　筋肉を動かす――　101
神経伝達物質　31
神経伝達物質受容体　141 図
神経ファスシン　103 図
親水性分子
　　　――の例　10
人体　9
　　　――のきわめて微細な構造と情報交信　87
　　　――の構造基盤と情報交信　84―87
伸長因子 G　36 図
伸長因子 Tu　36 図
浸透圧　58

す

髄鞘（ミエリン鞘）　105 図
水素イオン　43, 47 図
水素結合　10, 13
スーパーオキシドジスムターゼ　58, 96 図, 122 図
ステロール
　　　――の生合成　33 図
ストリキニン　155
スネアタンパク質　81 図
スプライシング（組換え）　35
スプライソソーム複合体　75 図
スペクトリン　81 図, 96 図

せ

生体高分子　26
成長ホルモン　100
赤血球　94, 96 図

接着タンパク質　117
セルロース　24 図, 49
線維状タンパク質（フィラメント）　85
選択的フィルター
　　　細胞膜、内膜の――　58
線毛　55

そ

相同組換え
DNA 修復における――　114
疎水性　10, 12 図
疎水性分子
　　　――の例　11

た

第VII因子　99 図
第X因子　99 図
代謝速度　120
大腸菌　35, 48, 53 ― 68, 150
　　　――により旅行者が起こす下痢症　67
　　　――の全体構造　55 図
　　　ミトコンドリアの――に似た形状　72
　　　――を構成する成分　54
タイチン　92
ダイニン　86
太陽　40
多剤耐性輸送タンパク質　59
多剤輸送タンパク質　20 図
多種類
　　　――の RNA 分子　38
多層の細胞壁　54
多糖類　23 ― 25
炭化水素鎖　22 図
タンパク質　10, 13, 30
　　　――鎖の折りたたみ過程　19
　　　――の遺伝情報に基づく合成方法　31

――の機能　20 図
――の形状と大きさ　17
――の結合　26
――の構築　59

ち

チアミンピロリン酸　144 図
チミン　13
チミンヌクレオチド　112
中間径フィラメント　85
チンパンジーのゲノム　38

つ

対合
　　　DNA 修復における――　114

て

低比重リポタンパク質　96 図, 97
テストステロン　100
鉄・硫黄クラスター　41 図
鉄イオン　31
テネイシン　103 図
テロメア　116
テロメラーゼ　116
転移 RNA（tRNA）　16 図
電位依存性カリウムチャネル　105 図
電位依存性ナトリウムチャネル　103 図
電気化学エネルギー　42, 45
電気化学的勾配　43, 45, 64
電子顕微鏡　4
電子伝達フラビンタンパク質　144 図
転写　33
伝達　49
伝達過程
　　　ヒトの細胞における神経信号の――　101
デンプン　23
伝令 RNA（mRNA）　16 図

と

糖タンパク質
　　網状の—— 49
糖
　　——の分解から得られるエネルギー
　　　42
糖(ブドウ糖) 23
糖−リン酸基 13
毒 146
　　抗生物質と—— 150
ドクニンジン 154
トランスペプチダーゼ
　　→ D−アラニル−D−アラニンカルボ
　　　キシペプチダーゼ
鳥インフルエンザウイルス 133
トロポミオシン 94 図
トロンビン 99 図

な

ナイアシン 142
ナトリウムイオン 43, 48,
　　——の輸送 101
ナトリウムポンプ 103 図
軟骨 86

に

肉食動物 30
ニコチンアミドアデニンジヌクレオチド
　（NAD) 144 図
二重らせん
　　DNA の—— 33
尿素 48

ぬ

ヌクレオソーム 74 図
ヌクレオチド
　　——除去修復 112
　　——の結合 112

は

配列(停止) 34
バクテリオロドプシン 45
バルビツール酸 155
光の吸収 43
光の吸収と放出 42
微小管 80 図, 85

ひ

ビタミン 31, 142
ビタミン A 142, 143
ビタミン B_{12} 48
ビタミン B_2
　　→リボフラビン
ビタミン B 群 142
ビタミン C 123 図, 143
ビタミン D 145
ヒトインスリンの遺伝子 39 図
ヒト線維芽細胞 116
ヒトの細胞 71 — 81
ヒト免疫不全ウイルス 127 図, 128, 134
百日咳毒素 149 図
表面張力 65
ピルビン酸脱水素酵素 144 図

ふ

フィブリノゲン 96 図
フィブリン 99 図
フィラメント
　　→繊維状タンパク質
フェニルアラニル tRNA 合成酵素 36 図
フェニルアラニン 36 図
フェリチン 21 図

副作用
　　化学療法の—— 120
複製
　　DNA 鎖の—— 116
ブドウ糖　23
負の電荷　43 図
プラスミド　59
フラビンアデニンジヌクレオチド（FAD）
　　144 図
フリーラジカル分子　123 図
プログラム細胞死　116 — 118
プロスタグランジン　155
プロテアソーム　77 図, 110, 111 図
プロテオーム　38, 54
プロテオグリカン　90 図
プロトンポンプ　141 図
プロリン　19
分子　141
　　——機械　1, 9 — 26, 45, 129
　　——機械と人工の機械　9
　　——機械の相互作用　10
　　原子レベルで機能する——　9
　　——シャペロンタンパク質　77 図
　　——戦争　67 — 68
　　——の一定の大きさと形　5
　　——の運動　5
　　——の会合　25
　　——の拡散　5 図, 25
　　——の隔離　25
　　——モーター　17

へ

ペニシリン　58, 151
ペプシン　20 図
ペプチドグリカン　58
ヘモグロビン　94, 96 図
ペリプラズム（周辺質）　58
ペルオキシレドキシン　122 図
鞭毛　55 図
鞭毛モーター　65, 66 図

　　——の速度　65
　　——の方向転換　66

ほ

防護壁　54
ポーリンタンパク質　55
捕食者　45
ホスホジエステラーゼ　141 図
ポリアデニル酸ポリメラーゼ　74 図
ポリオ（急性灰白髄炎）　129
ポリオウイルス　129 — 133
　　——の生活環　130 図
ポリオワクチン　137
ホルムアルデヒド　137
ホルモン　100
ポンプ　48
翻訳　33, 36

ま

マイコプラズマ　35
マグネシウムイオン　48
マトリックス
　　→細胞外基質

み

ミエリン P0 タンパク質　105 図
ミエリン鞘
　　→髄鞘
ミオシン　84, 87 — 94, 92, 94 図
　　——による化学的エネルギーから力
　　学的運動への変換　45
ミオシンフィラメント　92
水分子　56 図
ミトコンドリア　19, 71 図, 72
　　——の大腸菌に似た形状　72
味蕾　105

も

網膜細胞　143 図
モルヒネ　155

や

薬剤耐性　152

ゆ

ユビキチン　110, 111 図
　　──タンパク質の再利用　110
ユビキチンリガーゼ　110

よ

ヨウ素　31

ら

ライノウイルス　129 ─ 133
らせん状の鞭毛　65
ラミニン　90 図
ラミン　117
ラミンタンパク質フィラメント　75 図
ランダムな拡散運動　6

り

リシン　149 図
リソソーム　116
リゾチーム　19
リトナビル　153 図
リプレッサータンパク質　45
リブロースビスリン酸カルボキシラーゼ　40 図
リボ核酸
　　→ RNA
リボソーム　36 図
リポ多糖　54
リポタンパク質　97
リポフスシン　122
リボフラビン（ビタミン B_2）　142
量子力学　5
リン酸-リン酸結合　47 図
リン脂質　12 図

る

ルビスコ
　　→リブロースビスリン酸カルボキシラーゼ

れ

レチナール　143 図
劣化
　　DNA 鎖の──　116

ろ

ロイシン　34
老化　120 ─ 124
　　──の主要な原因　121
ロドプシン　20 図, 105, 142

わ

ワクチン　137

著者紹介

本書の著者である DAVID S. GOODSELL 博士は，米国カリフォルニア州ラ・ホーヤにあるスクリプス研究所（the Scripps Research Institute）の分子生物学准教授である．彼は X 線結晶解析とコンピュータ・グラフィックスを用いた DNA の構造研究でカリフォルニア大学ロサンゼルス校（UCLA）から博士号を授与されており，現在は生体分子研究と科学教育の双方に尽力している．彼は，生体分子の構造及び機能の基本原理を解明するために新しいコンピュータ・ツールを開発し，目下，これらのツールを用いて HIV 治療での薬剤耐性と闘うための新薬の探索を行っている．また，彼は Protein Data Bank の特集記事「今月の分子」の著者であり，この記事では毎月新しい分子を取り上げ，健康と福祉における役割や機能について記述している．彼の作画と著述による著書である本書並びに Our Molecular Nature では，生体分子及び生細胞の多様な役割が探求され，また他の著書 Bionanotechnology: Lessons from Nature では，生物学とナノテクノロジーが強く結びつきつつあることが示されている．

彼のウェブサイト http://mgl.scripps.edu/people/goodsell では，さらに詳しい情報にふれることができる．

監訳者・翻訳者略歴

【監訳・翻訳】
中村　春木（なかむら　はるき）
大阪大学蛋白質研究所教授，PDBj 統括

1980 年東京大学大学院理学系研究科物理学専攻博士課程修了，東京大学工学部物理工学科助手，蛋白工学研究所主任研究員／部長，生物分子工学研究所部門長を経て 1999 年から現職．専門は生物物理学，構造バイオインフォマティクス，蛋白質科学．特に，蛋白質の構造・機能と電気物性，分子設計．

【翻訳】
西川　建（にしかわ　けん）
国立遺伝学研究所名誉教授

1971 年京都大学大学院理学研究科博士課程修了，京都大学化学研究所助手，蛋白工学研究所研究員／部長，国立遺伝学研究所教授，前橋工科大学教授，大阪大学蛋白質研究所客員教授を歴任．専門は蛋白質立体構造／ゲノム情報のデータベース解析．

工藤　高裕（くどう　たかひろ）
大阪大学蛋白質研究所特任研究員

1996 年大阪大学理学部生物学科卒業，1999 年京都大学大学院エネルギー科学研究科修士課程修了．株式会社バッファロー，中学校理科講師，パソコン指導講師を経て現職．PDBj の計算機システムの管理やサービス開発及び本書著者が提供する Molecule of the Month（今月の分子）の翻訳を実施．

生命のメカニズム 原著第2版
美しいイメージで学ぶ構造生命科学入門

2015年2月23日　第1版第1刷発行

著　者　David S. Goodsell

監訳者　中村　春木

翻訳者　工藤　高裕，西川　建，中村　春木

発行者　坂田　茂

発行所　株式会社シナジー

〒103-0027　東京都中央区日本橋 2-14-1　フロントプレイス日本橋 9F
TEL：03-4533-1100（代）
URL：http://www.syg.co.jp/

組版　株式会社キャップス
印刷・製本　株式会社シナノ パブリッシング プレス

ISBN 978-4-916166-62-3

Printed in Japan
乱丁・落丁本はお取り替えいたします。

本書の複製権・上映権・譲渡権・公衆送信権（送信可能化権を含む）は株式会社シナジーが保有します。

JCOPY〈(社)出版者著作権管理機構　委託出版物〉

本書の無断複写は著作権法上での例外を除き禁じられています。複写される場合は、そのつど事前に、
(社)出版者著作権管理機構（電話 03-3513-6969、03-3513-6979、e-mail：info@jcopy.or.jp）の許諾を得てください。